Silke Schöps

Ganz einfache 10-Minuten-Übungen Stochastik

Wahrscheinlichkeitsrechnung leicht gemacht

Der Band enthält eine Zusammenstellung aus Arbeitsblättern des ehemals beim Auer Verlag erschienenen Bandes „Stochastik – Wahrscheinlichkeitsrechnung leicht verständlich“.

Wir haben uns für die Schreibweise mit dem Sternchen entschieden, damit sich Frauen, Männer und alle Menschen, die sich anders bezeichnen, gleichermaßen angesprochen fühlen. Aus Gründen der besseren Lesbarkeit für die Schüler*innen verwenden wir in den Kopiervorlagen das generische Maskulinum.

Bitte beachten Sie jedoch, dass wir in Fremdtexten anderer Rechtegeber*innen die Schreibweise der Originaltexte belassen mussten.

In diesem Werk sind nach dem MarkenG geschützte Marken und sonstige Kennzeichen für eine bessere Lesbarkeit nicht besonders kenntlich gemacht. Es kann also aus dem Fehlen eines entsprechenden Hinweises nicht geschlossen werden, dass es sich um einen freien Warennamen handelt.

1. Auflage 2021

Umschlagfoto: Adobestock/Tran-Photography
Covergestaltung: Daniel Fischer Grafikdesign München
Autor*innen: Silke Schöps
Illustrationen: Silke Schöps, Steffen Jähde
Satz: Fotosatz H. Buck, Kumhausen
Druck und Bindung: Franz X. Stückle Druck und Verlag e. K.
ISBN 978-3-403-**08567**-6

www.auer-verlag.de

Inhaltsverzeichnis

Strichliste und Häufigkeiten

Einer der bekanntesten Lehrsätze der Mathematik ist der Satz des Pythagoras. Er besagt Folgendes:

> *„In jedem rechtwinkligen Dreieck haben die beiden Quadrate über den Katheten zusammen den gleichen Flächeninhalt wie das Hypotenusenquadrat.“*

Bestimme die Anzahl der Vokale, die im Lehrsatz vorkommen.

a / ä	e	i	o / ö	u / ü

Christoph behauptet, am meisten würde im Deutschen der Buchstabe „e“ benutzt. Was meinst du dazu?

____

____

____

Merke: Um übersichtlich und schnell festzustellen, wie oft ein bestimmtes Ereignis eintritt, hält man die __________ der verschiedenen Ereignisse in einer Tabelle oder __________ fest.

Für das Werfen einer Münze ergab sich folgende Zählung:
Wie oft trat das Ereignis Wappen und wie oft das Ereignis Zahl ein?
Wie oft wurde die Münze geworfen?

Wappen	Zahl
𝍸 𝍸 𝍸 𝍸 𝍸 𝍸 |||	𝍸 𝍸 𝍸 𝍸 𝍸 𝍸 𝍸 ||

____

____

Silke Schöps: Ganz einfache 10-Minuten-Übungen Stochastik

Strichliste und Häufigkeiten (Lösung)

Einer der bekanntesten Lehrsätze der Mathematik ist der Satz des Pythagoras. Er besagt Folgendes:

„In jedem rechtwinkligen Dreieck haben die beiden Quadrate über den Katheten zusammen den gleichen Flächeninhalt wie das Hypotenusen-quadrat."

Bestimme die Anzahl der Vokale, die im Lehrsatz vorkommen.

a/ä	e	i	o/ö	u/ü
𝍸 𝍷𝍷𝍷𝍷	𝍸 𝍸 𝍸 𝍸 𝍷𝍷𝍷	𝍸 𝍷𝍷𝍷𝍷	𝍷	𝍸

Christoph behauptet, am meisten würde im Deutschen der Buchstabe „e" benutzt. Was meinst du dazu?

Nach dieser Zählung kann man zu der Behauptung kommen,

es müssten jedoch umfangreichere Texte untersucht werden.

Merke: Um übersichtlich und schnell festzustellen, wie oft ein bestimmtes Ereignis eintritt, hält man die *Häufigkeit* der verschiedenen Ereignisse in einer Tabelle oder *Strichliste* fest.

Für das Werfen einer Münze ergab sich folgende Zählung:
Wie oft trat das Ereignis Wappen und wie oft das Ereignis Zahl ein?
Wie oft wurde die Münze geworfen?

Wappen	Zahl
𝍸 𝍸 𝍸 𝍸 𝍸 𝍸 𝍷𝍷𝍷 **33**	𝍸 𝍸 𝍸 𝍸 𝍸 𝍸 𝍸 𝍷𝍷 **37**

Es waren 70 Würfe.

Minimum und Maximum

In 20 Tüten Gummibärchen wurden die gelben, roten, transparenten, grünen und orangefarbenen gezählt:

gelb 348	rot 368	transparent 359	grün 352	orange 362

a) Welche Farbe kam am häufigsten vor? ____________

b) Welche Farbe kam am wenigsten vor? ____________

Merke: Bei Zahlen (Mengen) nennt man den ________ vorkommenden Wert das __________.

Der __________ vorkommende Wert heißt das __________.

Übung:

Eine Schülergruppe der Arbeitsgemeinschaft „Sternenkunde und Weltall" hat den Zusammenhang „Planeten und ihre Monde" zusammengestellt.

Planet	Anzahl der Monde
Merkur	0
Venus	0
Erde	1
Mars	2
Jupiter	16
Saturn	18
Uranus	15
Neptun	8

Bestimme Maximum und Minimum der Anzahl der Monde.

Antwort ____

____

Minimum und Maximum (Lösung)

In 20 Tüten Gummibärchen wurden die gelben, roten, transparenten, grünen und orangefarbenen gezählt:

gelb
348

rot
368

transparent
359

grün
352

orange
362

a) Welche Farbe kam am häufigsten vor? *rot*

b) Welche Farbe kam am wenigsten vor? *gelb*

Merke: Bei Zahlen (Mengen) nennt man den *größten* vorkommenden Wert das *Maximum*.
Der *kleinste* vorkommende Wert heißt das *Minimum*.

Übung:

Eine Schülergruppe der Arbeitsgemeinschaft „Sternenkunde und Weltall“ hat den Zusammenhang „Planeten und ihre Monde“ zusammengestellt.

Planet	Anzahl der Monde
Merkur	0
Venus	0
Erde	1
Mars	2
Jupiter	16
Saturn	18
Uranus	15
Neptun	8

Bestimme Maximum und Minimum der Anzahl der Monde.

Antwort *Das Maximum an Monden hat Saturn – 18 Monde. Das Minimum an Monden haben Merkur und Venus – keinen Mond.*

Absolute und relative Häufigkeit (Begriff)

In einer 8. Klasse wurde diese Umfrage zur privaten Nutzung des Computers durchgeführt.
Es durfte nur der Bereich angekreuzt werden, der am häufigsten genutzt wird.

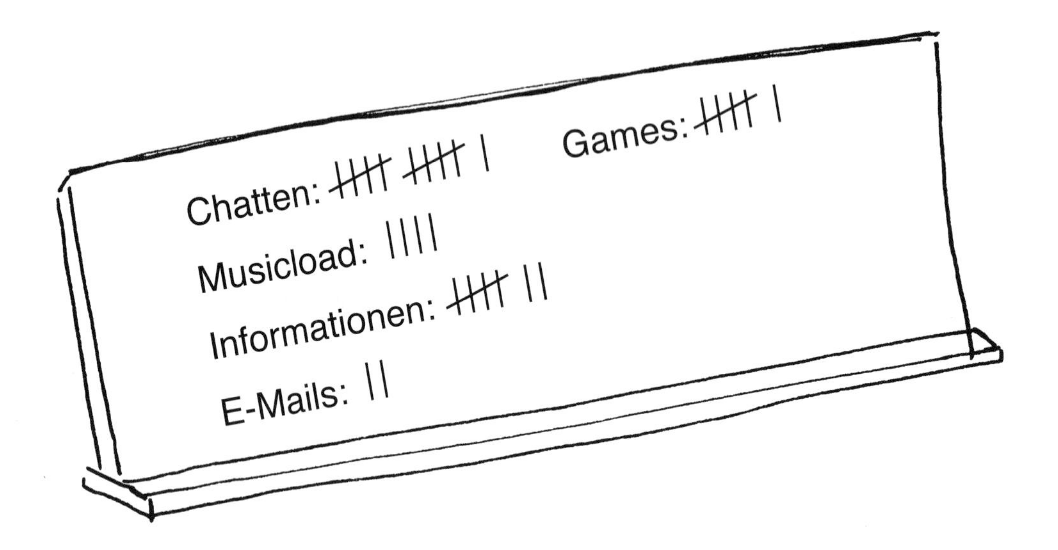

Bestimme die absolute und relative Häufigkeit.

	Chatten	*Musicload*	*Infos*	*Mails*	*Games*
abs. Häufigkeit					
relat. Häufigkeit als Bruch					
relat. Häufigkeit als Dezimalbruch					
relat. Häufigkeit als Prozentsatz					

Schülerzahl: ______

Merke: Das eigentliche Zählerergebnis einer Menge nennt man

______________________________ .

Den ___________ von der Gesamtmenge nennt man ___________

___________________ .

Absolute und relative Häufigkeit (Begriff) (Lösung)

In einer 8. Klasse wurde diese Umfrage zur privaten Nutzung des Computers durchgeführt.
Es durfte nur der Bereich angekreuzt werden, der am häufigsten genutzt wird.

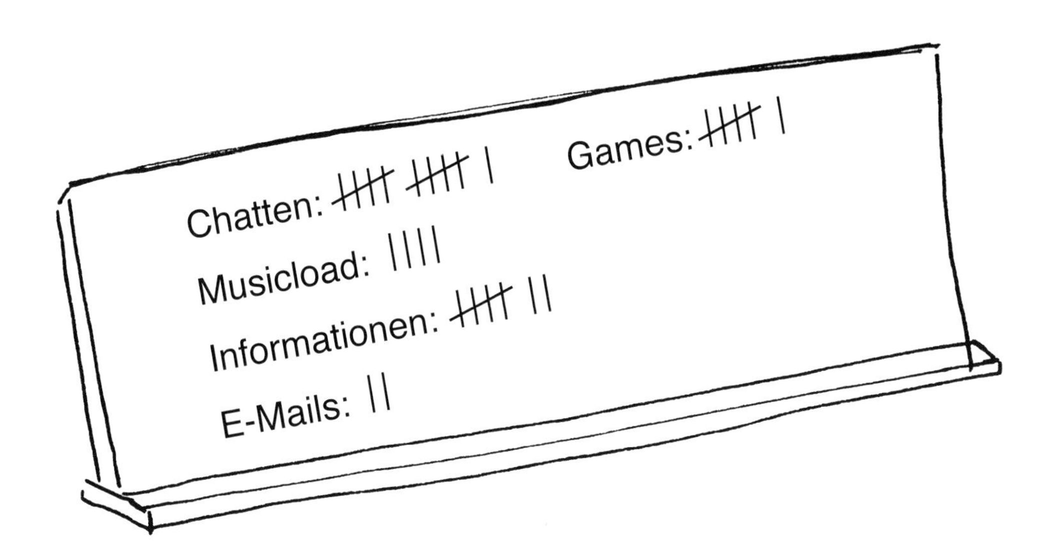

Bestimme die absolute und relative Häufigkeit.

	Chatten	**Musicload**	**Infos**	**Mails**	**Games**
abs. Häufigkeit	*11*	*4*	*7*	*2*	*6*
relat. Häufigkeit als Bruch	$\frac{11}{30}$	$\frac{4}{30}$	$\frac{7}{30}$	$\frac{2}{30}$	$\frac{6}{30}$
relat. Häufigkeit als Dezimalbruch	*0,367*	*0,133*	*0,233*	*0,067*	*0,200*
relat. Häufigkeit als Prozentsatz	*36,7 %*	*13,3 %*	*23,3 %*	*6,7 %*	*20 %*

Schülerzahl: *30*

Merke: Das eigentliche Zählerergebnis einer Menge nennt man

absolute Häufigkeit .

Den *Anteil* von der Gesamtmenge nennt man *relative Häufigkeit* .

Absolute und relative Häufigkeit – Übung I

160 Schülerinnen und Schüler wurden befragt, in welchem Chatroom sie am liebsten chatten.

Bestimme die absolute Häufigkeit und die relative Häufigkeit in allen drei Darstellungsformen.

Schaue dir deine Ergebnisse genau an.
Wie kannst du prüfen, ob du richtig gerechnet hast?

	Flirt	Games	Thementalk	Classic	Blinddate
	卌卌卌 卌卌卌 卌卌卌 卌卌卌 卌卌 |||	卌卌 |||	卌卌卌 卌 |	|||	卌卌卌 卌卌卌 卌卌卌 卌
absolute Häufigkeit					
relative Häufigkeit					

Merke: Summenprobe:
Die Summe der relativen Häufigkeiten ergibt, wenn keine Mehrfachnennungen vorliegen, stets 100 % oder 1, denn die Summe aller Anteile ergibt ein Ganzes.

Hinweis: Es können durch Rundungen Abweichungen auftreten.

Absolute und relative Häufigkeit – Übung I (Lösung)

160 Schülerinnen und Schüler wurden befragt, in welchem Chatroom sie am liebsten chatten.

Bestimme die absolute Häufigkeit und die relative Häufigkeit in allen drei Darstellungsformen.

Schaue dir deine Ergebnisse genau an.
Wie kannst du prüfen, ob du richtig gerechnet hast?

	Flirt	Games	Thementalk	Classic	Blinddate
	𝍸𝍸𝍸 𝍸𝍸𝍸 𝍸𝍸𝍸 𝍸𝍸𝍸 𝍸𝍸 III	𝍸𝍸 III	𝍸𝍸𝍸 𝍸 I	III	𝍸𝍸𝍸 𝍸𝍸𝍸 𝍸𝍸𝍸 𝍸
absolute Häufigkeit	*73*	*13*	*21*	*3*	*50*
relative Häufigkeit	$\frac{73}{160}$ *0,456* *45,6 %*	$\frac{13}{160}$ *0,081* *8,1 %*	$\frac{21}{160}$ *0,131* *13,1 %*	$\frac{3}{160}$ *0,019* *1,9 %*	$\frac{50}{160}$ *0,313* *31,3 %*

45,6 % + 8,1 % + 13,1 % + 1,9 % + 31,3 % = 100 %

0,456 + 0,081 + 0,131 + 0,019 + 0,313 = 1

Merke: Summenprobe:
Die Summe der relativen Häufigkeiten ergibt, wenn keine Mehrfachnennungen vorliegen, stets 100 % oder 1, denn die Summe aller Anteile ergibt ein Ganzes.

Hinweis: Es können durch Rundungen Abweichungen auftreten.

Absolute und relative Häufigkeit – Übung II

Wirf einen Spielewürfel 80-mal und notiere das Würfelergebnis in Form einer Strichliste in der Tabelle.

⚀	⚁	⚂	⚃	⚄	⚅

Bestimme die absolute und relative Häufigkeit in allen Darstellungsformen.

absolute Häufigkeit					
relativ als Bruch					
relativ als Dezimalbruch					
relativ als Prozentsatz					

Zeichne zu den absoluten Häufigkeiten ein Säulendiagramm.

Der „Zufallsgenerator für Würfel" eines Computers hat bei 5 000 Versuchen 680-mal die Sechs, 1 035-mal die Fünf, 910-mal die Vier, 705-mal die Drei, 770-mal die Zwei und 900-mal die Eins gewürfelt.

Berechne die relative Häufigkeit als Prozentsatz.

Absolute und relative Häufigkeit – Übung II (Lösung)

Wirf einen Spielewürfel 80-mal und notiere das Würfelergebnis in Form einer Strichliste in der Tabelle.

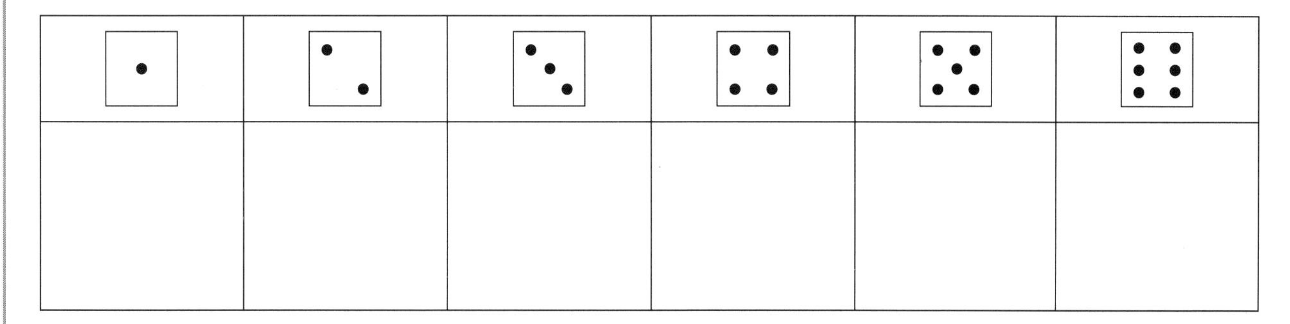

Bestimme die absolute und relative Häufigkeit in allen Darstellungsformen.

absolute Häufigkeit					
relativ als Bruch					
relativ als Dezimalbruch					
relativ als Prozentsatz					

Zeichne zu den absoluten Häufigkeiten ein Säulendiagramm.

Der „Zufallsgenerator für Würfel“ eines Computers hat bei 5 000 Versuchen 680-mal die Sechs, 1 035-mal die Fünf, 910-mal die Vier, 705-mal die Drei, 770-mal die Zwei und 900-mal die Eins gewürfelt.

Berechne die relative Häufigkeit als Prozentsatz.

6: $\frac{680}{5000} = 13{,}6\,\%$ *5:* $\frac{1035}{5000} = 20{,}7\,\%$ *4:* $\frac{910}{5000} = 18{,}2\,\%$

3: $\frac{705}{5000} = 14{,}1\,\%$ *2:* $\frac{770}{5000} = 15{,}4\,\%$ *1:* $\frac{900}{5000} = 18{,}0\,\%$

Probe: $13{,}6\,\% + 20{,}7\,\% + 18{,}2\,\% + 14{,}1\,\% + 15{,}4\,\% + 18{,}0\,\% = 100\,\%$

Absolute und relative Häufigkeit – Übung III

1 In der Tabelle sind die Würfelergebnisse von Marc, Felix, Bjorn und René aus der Basketball-AG notiert.
Wer kann am besten Körbe werfen?

	Würfe	Treffer	
Marc	72	23	
Felix	84	25	
Bjorn	91	25	
René	93	26	

---

2 Ein Sportverein hat 864 Mitglieder. Die Tabelle zeigt, in welchen Sportarten die einzelnen Mitglieder aktiv sind.
Bestimme die relativen Häufigkeiten.
Warum kannst du die Summenprobe nicht anwenden?

	Herren-fußball	Damen-fußball	Tennis	Wasserball/ Schwimmen	Fitness	Bad-minton
aktive Mitglieder	288	65	212	172	313	104
relative Häufigkeit						

---

3 400 Personen wurden bezüglich ihrer Nutzung von Online-Angeboten befragt.
Berechne die absoluten Häufigkeiten.

	E-Mail	Home-banking	Online-shop	Musicload	Chat
relative Häufigkeit	0,62	0,47	0,38	0,19	0,73
absolute Häufigkeit					

Absolute und relative Häufigkeit – Übung III (Lösung)

1 In der Tabelle sind die Würfelergebnisse von Marc, Felix, Bjorn und wRené aus der Basketball-AG notiert.
Wer kann am besten Körbe werfen?

	Würfe	Treffer	
Marc	72	23	*31,9 %*
Felix	84	25	*29,8 %*
Bjorn	91	25	*27,5 %*
René	93	26	*28 %*

Marc hat die höchste Trefferquote – er konnte es am besten.

2 Ein Sportverein hat 864 Mitglieder. Die Tabelle zeigt, in welchen Sportarten die einzelnen Mitglieder aktiv sind.
Bestimme die relativen Häufigkeiten.
Warum kannst du die Summenprobe nicht anwenden?

	Herren-fußball	Damen-fußball	Tennis	Wasserball / Schwimmen	Fitness	Bad-minton
aktive Mitglieder	288	65	212	172	313	104
relative Häufigkeit	*33,3 %*	*7,5 %*	*24,5 %*	*19,9 %*	*36,2 %*	*12 %*

Es gibt auch passive Mitglieder. Es waren Mehrfachnennungen möglich.

3 400 Personen wurden bezüglich ihrer Nutzung von Online-Angeboten befragt.
Berechne die absoluten Häufigkeiten.

	E-Mail	Home-banking	Online-shop	Musicload	Chat
relative Häufigkeit	0,62	0,47	0,38	0,19	0,73
absolute Häufigkeit	*248*	*188*	*152*	*76*	*292*

Bist du fit? – Teste dein Wissen!

1 Vor der bevorstehenden Radtour der siebenten Klassen wurden noch mal alle Räder auf Sicherheit und Funktionstüchtigkeit überprüft.

7a: 5 von 26 mit Mängeln. ______________

7b: 7 von 28 mit Mängeln. ______________

7c: 6 von 24 mit Mängeln. ______________

Welche Klasse hat den geringsten Anteil mangelhafter Räder?

____

2 Jemand gibt Häufigkeiten wie folgt an:

a) jeder Fünfzehnte: ______________

b) 43 von 62: ______________

c) 0,34: ______________

Bestimme die entsprechenden Prozentsätze dazu.

3 Frank und Klaus kamen nach der Auswertung einer Verkehrszählung zu folgender Übersicht. Leider ist die Strichliste weg. Klaus weiß aber noch, dass sie 9 Busse gezählt haben.
Berechne die Anzahl der anderen Verkehrsmittel.

Pkw	Lkw	Bus	Krad	Fahrrad
46 %	12 %	10 %	8 %	24 %

____

____

____

4 Was bedeutet es für ein Wohngebiet, wenn der Anteil der Hundebesitzer mit 0,05 angegeben wird?

____

____

5 Beim Schulsportfest hat jeder 10 Schüsse auf eine Fußballtorwand. Die 8a fordert die Fußballmannschaft heraus und hat 28 Treffer bei 28 Schülern. Die Fußballmannschaft hat 34 Treffer bei 150 Schüssen. Berechne die relative Häufigkeit in %.

____

Bist du fit? – Teste dein Wissen! (Lösung)

1 Vor der bevorstehenden Radtour der siebenten Klassen wurden noch mal alle Räder auf Sicherheit und Funktionstüchtigkeit überprüft.

7a: 5 von 26 mit Mängeln. *19,2 %*

7b: 7 von 28 mit Mängeln. *25 %*

7c: 6 von 24 mit Mängeln. *25 %*

Welche Klasse hat den geringsten Anteil mangelhafter Räder?

Die 7a hat den geringsten Anteil mangelhafter Räder.

2 Jemand gibt Häufigkeiten wie folgt an:

a) jeder Fünfzehnte: $\frac{1}{15} = 6{,}67\,\%$

b) 43 von 62: $\frac{43}{62} = 69{,}4\,\%$

c) 0,34: $= 34\,\%$

Bestimme die entsprechenden Prozentsätze dazu.

3 Frank und Klaus kamen nach der Auswertung einer Verkehrszählung zu folgender Übersicht. Leider ist die Strichliste weg. Klaus weiß aber noch, dass sie 9 Busse gezählt haben.
Berechne die Anzahl der anderen Verkehrsmittel.

Pkw	Lkw	Bus	Krad	Fahrrad
46 %	12 %	10 %	8 %	24 %
41	*11*	*9*	*7*	*22*

Es wurden 90 Fahrzeuge gezählt.

4 Was bedeutet es für ein Wohngebiet, wenn der Anteil der Hundebesitzer mit 0,05 angegeben wird?

5 % der Anwohner sind Hundebesitzer bzw. jeder Zwanzigste ist Hundebesitzer.

5 Beim Schulsportfest hat jeder 10 Schüsse auf eine Fußballtorwand. Die 8a fordert die Fußballmannschaft heraus und hat 28 Treffer bei 28 Schülern. Die Fußballmannschaft hat 34 Treffer bei 150 Schüssen. Berechne die relative Häufigkeit in %.

8a: $\frac{28}{280} = 10\,\%$ *Mannschaft:* $\frac{34}{280} = 22{,}7\,\%$

So ein Zufall – zufällig oder nicht?

Es gibt Tausende, die ihr Glück beim Spiel versuchen, sei es Lotto oder etwas anderes. Lässt sich vorhersagen, welche Zahl beim Würfeln als nächste gewürfelt wird?

____

____

Man sagt: Das Würfelergebnis ist ____________.

Der Ausgang einer Handlung oder eines Versuches wird „zufällig" genannt, wenn er nicht genau vorhersagbar ist bzw. nicht mit Sicherheit eintritt.

Bei welchen Vorgängen ist der Ausgang zufällig, bei welchen nicht?

a) Eine Münze wird geworfen. ____________

b) Drehen eines Glücksrades ____________

c) Das Arbeitsheft hat 64 Seiten. ____________

d) Ein Auto hupt bei Gefahr. ____________

e) Beim „Mensch-ärgere-dich-nicht" werfe ich den roten Stein raus. ____________

f) Die Ampel schaltet auf Grün. ____________

Nenne selbst Beispiele für Vorgänge mit zufälligem Ergebnis.

____

____

____

____

____

So ein Zufall – zufällig oder nicht? (Lösung)

Es gibt Tausende, die ihr Glück beim Spiel versuchen, sei es Lotto oder etwas anderes. Lässt sich vorhersagen, welche Zahl beim Würfeln als nächste gewürfelt wird?

Es kann die 1, 2, 3, 4, 5 oder 6 gewürfelt werden.

Es lässt sich nicht vorhersagen.

Man sagt: Das Würfelergebnis ist *zufällig*.

Der Ausgang einer Handlung oder eines Versuches wird „zufällig“ genannt, wenn er nicht genau vorhersagbar ist bzw. nicht mit Sicherheit eintritt.

Bei welchen Vorgängen ist der Ausgang zufällig, bei welchen nicht?

a) Eine Münze wird geworfen. *zufällig*

b) Drehen eines Glücksrades *zufällig*

c) Das Arbeitsheft hat 64 Seiten. *nicht*

d) Ein Auto hupt bei Gefahr. *nicht*

e) Beim „Mensch-ärgere-dich-nicht“ werfe ich den roten Stein raus. *zufällig*

f) Die Ampel schaltet auf Grün. *nicht*

Nenne selbst Beispiele für Vorgänge mit zufälligem Ergebnis.

– *das Tippen von Lottozahlen*

– *das Ziehen von Losen*

– *das Ziehen von Kugeln aus Gläsern*

– *das Werfen einer Münze*

– *das Ziehen von Hölzchen, von denen eines kürzer ist*

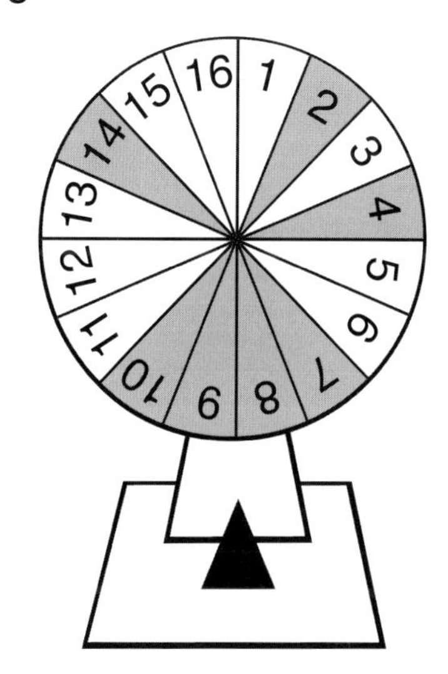

Zufallsversuche und Ereignismengen

Noch ist das Spiel nicht entschieden. Weiß ist an der Reihe. Schätze ein:

a) Welche Spielausgänge kann es für Weiß geben?

b) Welche Spielausgänge kann es für Schwarz geben?

c) Was ändert sich, wenn Schwarz zuerst würfelt?

Notiere: Welche Ausgänge sind möglich, wenn

a) eine Münze geworfen wird?

____

b) aus einer Urne mit 10 Kugeln, nummeriert von 1 bis 10, eine Kugel gezogen wird?

____

c) von den verdeckt liegenden Buchstabenkarten A, S, U zwei Karten umgedreht werden?

____

Unter den Mädchen Karin (K), Rieke (R), Sarah (S), Julia (J) und Michaela (M) sollen vier für eine Staffel ausgelost werden. Welche Auslosungen sind möglich?

____

Beim „Mensch-ärgere-dich-nicht" darf man den ersten Spielstein nur setzen, wenn man innerhalb von drei Würfen eine Sechs hat. Gib mindestens 10 Zahlenfolgen für die Würfelergebnisse an, sodass man starten kann.

____

Zufallsversuche und Ereignismengen (Lösung)

Noch ist das Spiel nicht entschieden. Weiß ist an der Reihe. Schätze ein:

a) Welche Spielausgänge kann es für Weiß geben?

b) Welche Spielausgänge kann es für Schwarz geben?

c) Was ändert sich, wenn Schwarz zuerst würfelt?

Zum Beispiel:

a) Sieg mit 6
Ereignis mit 3
Gleichstand mit 4

b) Feld 99 mit 1
Sieg mit 2
umsonst gewürfelt mit 3, 4, 5, 6

c) Schwarz könnte mit einem Zug siegen. Falls dabei keine 2 gewürfelt wird, ändert sich nichts.

Notiere: Welche Ausgänge sind möglich, wenn

a) eine Münze geworfen wird?

Wappen oder Zahl

b) aus einer Urne mit 10 Kugeln, nummeriert von 1 bis 10, eine Kugel gezogen wird?

Kugel 1, 2, 3, 4, 5, 6, 7, 8, 9 oder 10

c) von den verdeckt liegenden Buchstabenkarten A, S, U zwei Karten umgedreht werden?

AS, AU, SU, SA, US, UA (die letzten drei nur dann, falls die Reihenfolge dabei eine Rolle spielt)

Unter den Mädchen Karin (K), Rieke (R), Sarah (S), Julia (J) und Michaela (M) sollen vier für eine Staffel ausgelost werden. Welche Auslosungen sind möglich?

K, R, S, J; R, S, J, M; S, J, M, K; J, M, K, R; K, R, S, M

Beim „Mensch-ärgere-dich-nicht" darf man den ersten Spielstein nur setzen, wenn man innerhalb von drei Würfen eine Sechs hat. Gib mindestens 10 Zahlenfolgen für die Würfelergebnisse an, sodass man starten kann.

6; 5–6; 3–6; 2–6; 4–6; 1–6; 1–2–6; 1–3–6; 2–5–6; 5–4–6;

Zufallsversuche

So ein Zufall!

Beim Ausfüllen des Geburtstagskalenders für das neue Schuljahr in der Klasse fällt Alexandra auf, dass Gregor am gleichen Wochentag wie sie Geburtstag hat.
Sie überlegt, wie oft es wohl vorkommt, dass von zufällig ausgewählten Schülern einige am gleichen Wochentag Geburtstag haben.

Zufallsversuche:

Mit diesen Gegenständen kann man Zufallsversuche durchführen.

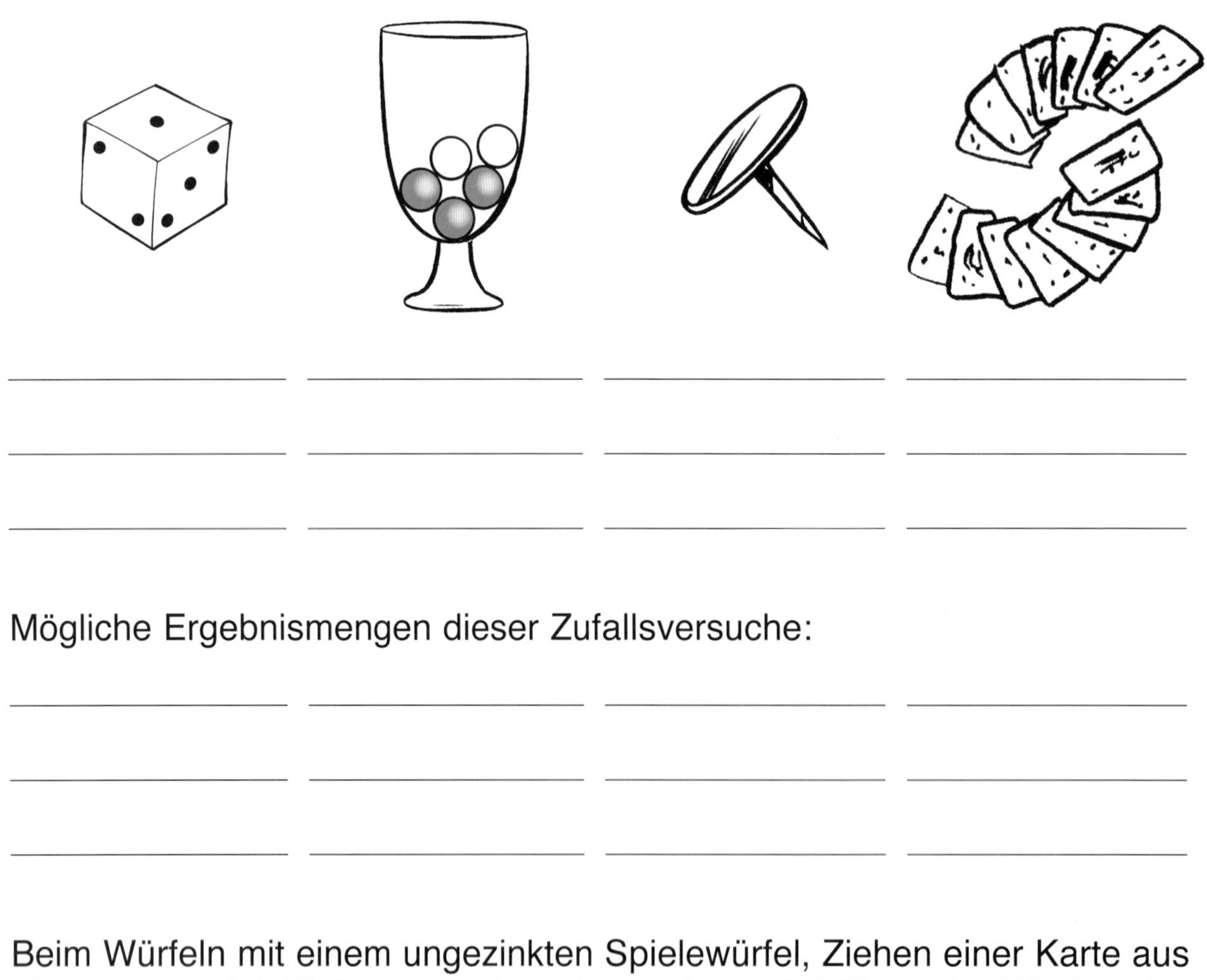

Mögliche Ergebnismengen dieser Zufallsversuche:

____________ ____________ ____________ ____________

____________ ____________ ____________ ____________

____________ ____________ ____________ ____________

Beim Würfeln mit einem ungezinkten Spielewürfel, Ziehen einer Karte aus einem Skatspiel, Ziehen einer Kugel aus einem Behälter oder Werfen einer Münze haben alle Elementarereignisse die gleiche Chance.

Man sagt: Alle Ergebnisse haben die gleiche ____________________.

Zufallsversuche (Lösung)

So ein Zufall!

Beim Ausfüllen des Geburtstagskalenders für das neue Schuljahr in der Klasse fällt Alexandra auf, dass Gregor am gleichen Wochentag wie sie Geburtstag hat.
Sie überlegt, wie oft es wohl vorkommt, dass von zufällig ausgewählten Schülern einige am gleichen Wochentag Geburtstag haben.

Zufallsversuche:

Mit diesen Gegenständen kann man Zufallsversuche durchführen.

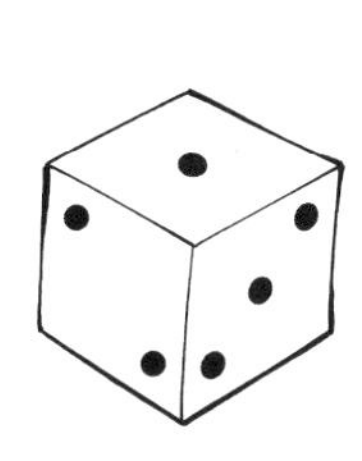

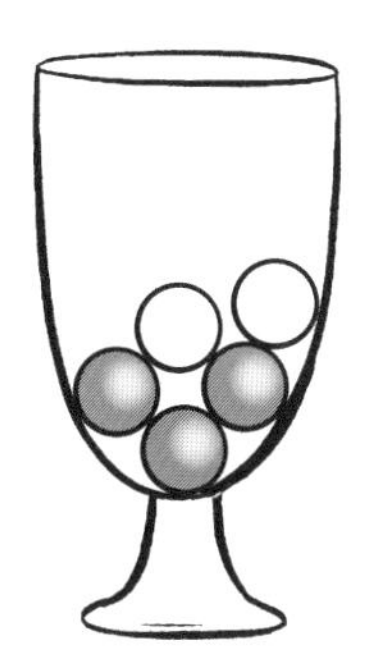

Würfeln mit	*Ziehen einer*	*Werfen einer*	*Ziehen einer*
einem Spiele-	*Kugel aus*	*Reißzwecke*	*Karte aus einem*
würfel	*einem Behälter*		*Skatspiel*

Mögliche Ergebnismengen dieser Zufallsversuche:

Augenzahl	*weiße oder*	*auf dem*	*eine Farbkarte,*
1, 2, 3, 4, 5	*schwarze*	*Kopf oder*	*Karo, Herz,*
oder 6	*Kugel*	*liegend*	*Pik, Kreuz*

Beim Würfeln mit einem ungezinkten Spielewürfel, Ziehen einer Karte aus einem Skatspiel, Ziehen einer Kugel aus einem Behälter oder Werfen einer Münze haben alle Elementarereignisse die gleiche Chance.

Man sagt: Alle Ergebnisse haben die gleiche ____*Wahrscheinlichkeit*____.

Laplace-Wahrscheinlichkeiten

Beim diesjährigen Straßenfest werden Spiele angeboten, bei denen Preise zu gewinnen sind.

Carlo und Luca haben unterschiedliche Glückskreisel gebaut.

Auf Carlos Kreisel sind die Zahlen von 1 bis 100 notiert. Es gewinnen alle Zahlen, die aus zwei gleichen Ziffern bestehen.
Auf Lucas Kreisel sind die Zahlen von 1 bis 50 notiert. Es gewinnen alle Zahlen, die durch 10 teilbar sind.

Auf welchem Rad würdest du spielen?

	Carlo	Luca
Gewinnereignisse		
Anzahl aller möglichen Ereignisse		
Gewinnchance		
Gewinnchance in %		

____

____

Merke: Bei einem Zufallsversuch, dessen Ereignisse die gleiche Chance haben einzutreffen, bezeichnet man den Quotienten

____________________ = ______________

Laplace-Wahrscheinlichkeiten (Lösung)

Beim diesjährigen Straßenfest werden Spiele angeboten, bei denen Preise zu gewinnen sind.

Carlo und Luca haben unterschiedliche Glückskreisel gebaut.

Auf Carlos Kreisel sind die Zahlen von 1 bis 100 notiert. Es gewinnen alle Zahlen, die aus zwei gleichen Ziffern bestehen.
Auf Lucas Kreisel sind die Zahlen von 1 bis 50 notiert. Es gewinnen alle Zahlen, die durch 10 teilbar sind.

Auf welchem Rad würdest du spielen?

	Carlo	Luca
Gewinnereignisse	*11, 22, 33, 44, 55, 66, 77, 88, 99*	*10, 20, 30, 40, 50*
Anzahl aller möglichen Ereignisse	*100*	*50*
Gewinnchance	*9 von 100*	*5 von 50*
Gewinnchance in %	$\frac{9}{100} = 9\,\%$	$\frac{5}{50} = 10\,\%$

Ich würde auf dem Kreisel von Luca drehen.

Merke: Bei einem Zufallsversuch, dessen Ereignisse die gleiche Chance haben einzutreffen, bezeichnet man den Quotienten

$$\frac{\text{Anzahl der Gewinnereignisse (günstige Ereignisse)}}{\text{Anzahl aller möglichen Ereignisse}} = \text{Wahrscheinlichkeit}$$

Wahrscheinlichkeit – Übung I: Kugel ziehen, Kreisel

1 Wie groß ist beim einmaligen Ziehen einer Kugel aus jedem Glas die Wahrscheinlichkeit, dass die Kugel die Zahl 3 hat?

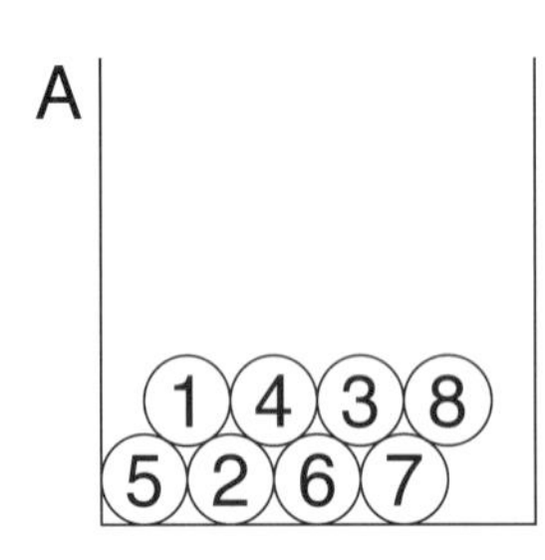

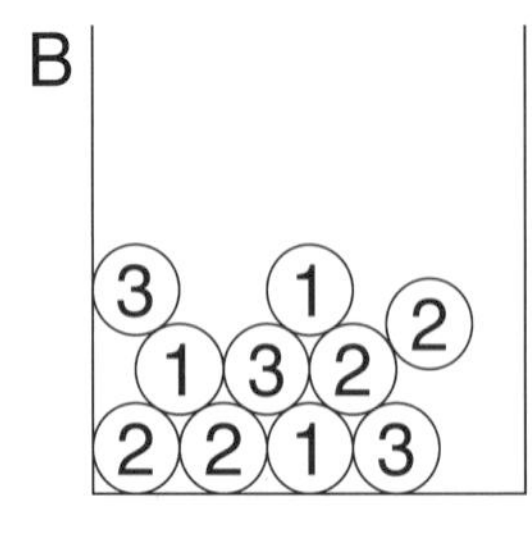

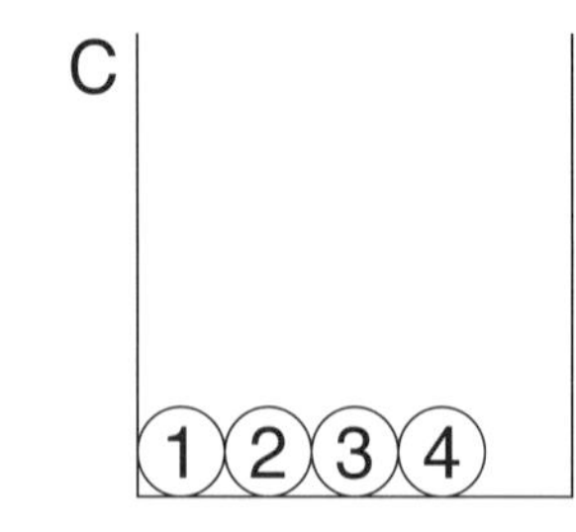

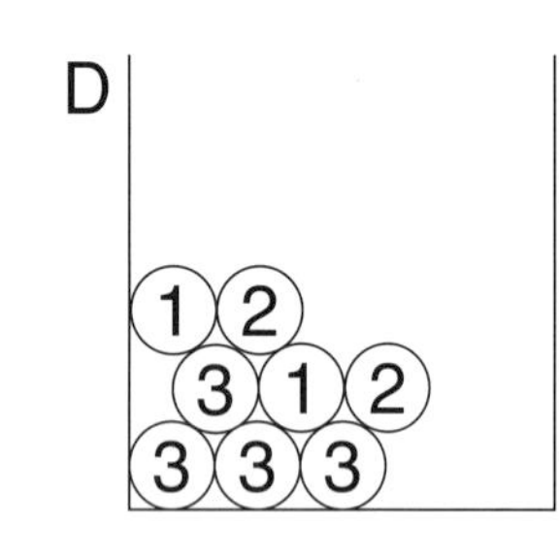

_____________ _____________ _____________ _____________

2 Sarah zieht 50-mal aus Gefäß C. Dabei wird jede gezogene Kugel vor dem nächsten Zug zurückgelegt.
Wie oft wird Sarah in den 50 Ziehungen die 3 ziehen?

____

3 Ein Kreisel mit acht gleichen Sektoren wurde gedreht. Bestimme die Wahrscheinlichkeit für folgende Ereignisse.

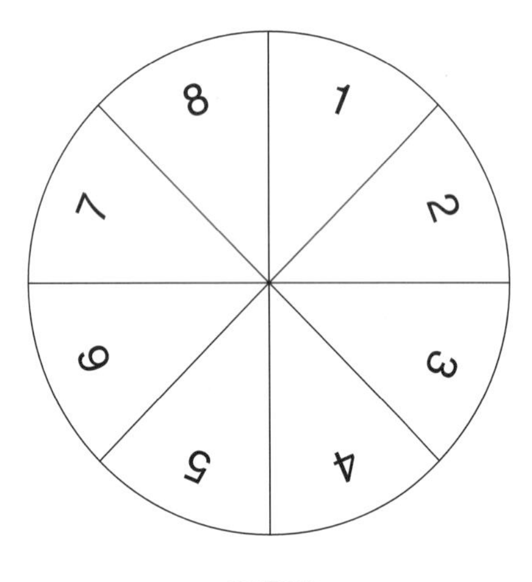

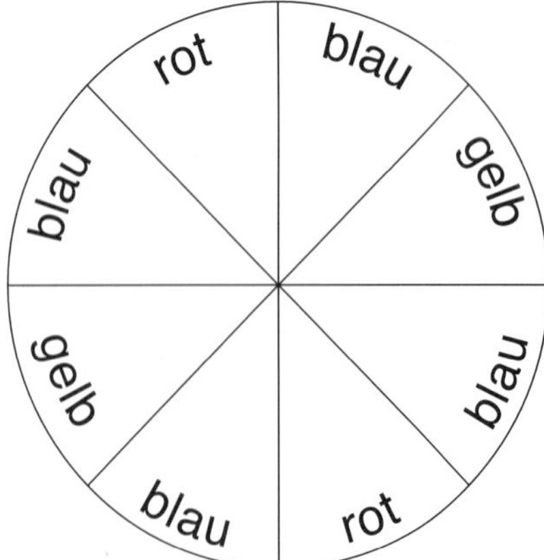

- eine durch 2 teilbare Zahl: _____________
- eine Primzahl: _____________
- ein Vielfaches von 4: _____________
- eine ungerade Zahl: _____________
- rot: _____________
- blau: _____________
- nicht gelb: _____________
- rot oder blau: _____________

Wahrscheinlichkeit – Übung I: Kugel ziehen, Kreisel (Lösung)

❶ Wie groß ist beim einmaligen Ziehen einer Kugel aus jedem Glas die Wahrscheinlichkeit, dass die Kugel die Zahl 3 hat?

A 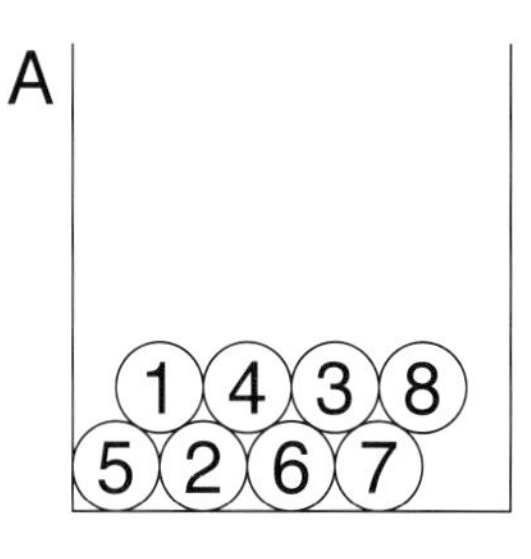

$\frac{1}{8}$ = 12,5 %

B 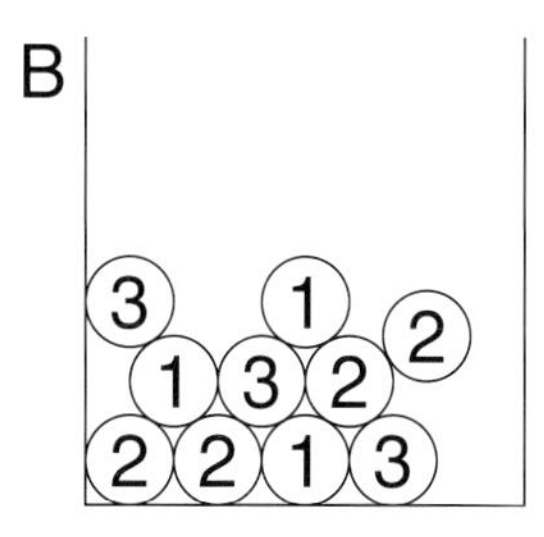

$\frac{3}{10}$ = 30 %

C 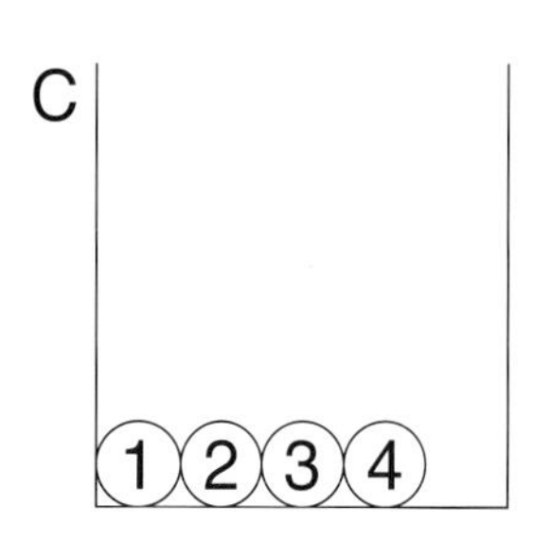

$\frac{1}{4}$ = 25 %

D 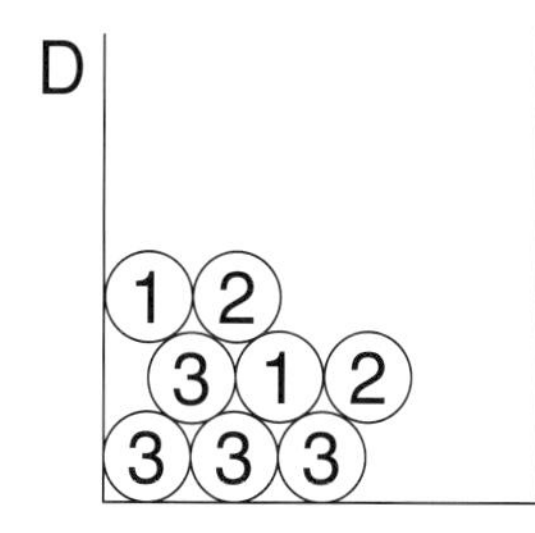

$\frac{4}{8}$ = 50 %

❷ Sarah zieht 50-mal aus Gefäß C. Dabei wird jede gezogene Kugel vor dem nächsten Zug zurückgelegt.
Wie oft wird Sarah in den 50 Ziehungen die 3 ziehen?

$50 \cdot \frac{1}{4} = 12{,}5$ ungefähr 12- oder 13-mal

❸ Ein Kreisel mit acht gleichen Sektoren wurde gedreht. Bestimme die Wahrscheinlichkeit für folgende Ereignisse.

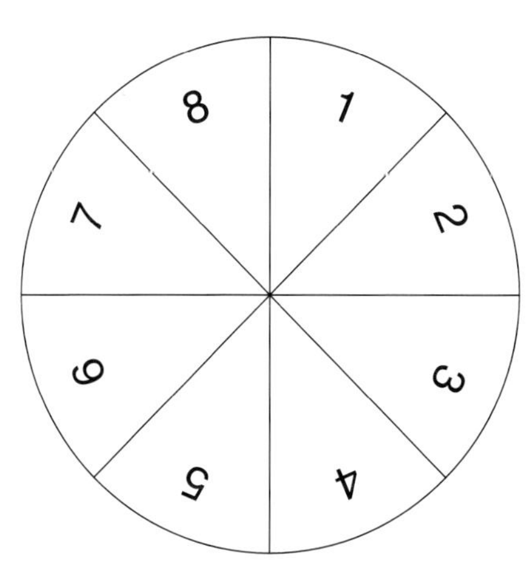

- eine durch 2 teilbare Zahl: *$\frac{4}{8}$ = 50 %*
  2, 4, 6, 8
- eine Primzahl: *$\frac{4}{8}$ = 50 %*
  2, 3, 5, 7
- ein Vielfaches von 4: *$\frac{2}{8}$ = 25 %*
  4, 8
- eine ungerade Zahl: *$\frac{4}{8}$ = 50 %*
  1, 3, 5, 7
- rot: *$\frac{2}{8}$ = 25 %*
- blau: *$\frac{4}{8}$ = 50 %*
- nicht gelb: *$\frac{6}{8}$ = 75 %*
- rot oder blau: *$\frac{6}{8}$ = 75 %*

Wahrscheinlichkeit – Übung II: Karten ziehen, Glücksrad

1 Mit welcher Wahrscheinlichkeit erwischst du beim Ziehen folgende Karten eines Skatblattes? Notiere jeweils daneben (als Bruch und in Prozent).

Hinweis: Ein Skatblatt besteht aus 32 Karten:
4 Farben – Karo, Herz, Pik, Kreuz
je 8 Karten – Bube, Dame, König, Ass, 7, 8, 9, 10

schwarze Farben

Ass ♠	B	D	K	7	8	9	10

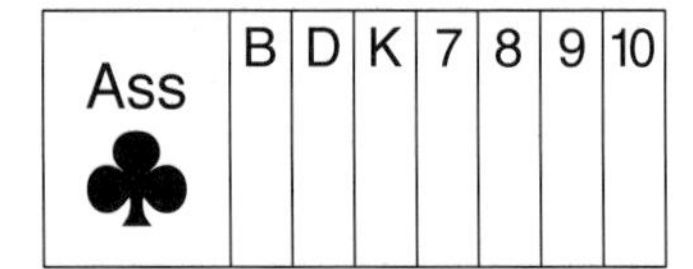

rote Farben

Ass ♢	B	D	K	7	8	9	10

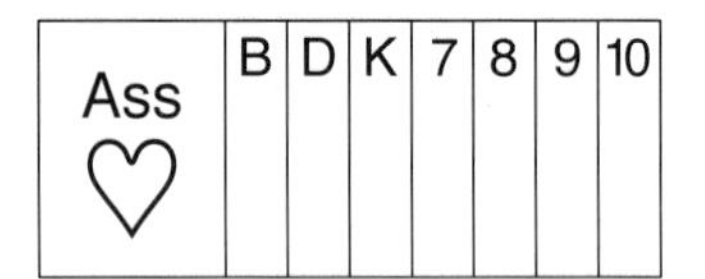

- Ass: ______________________
- rote Karte: ______________________
- Dame oder König: ______________________
- schwarze Karte, aber nicht Bube: ______________________
- 9 oder 10: ______________________
- Herzdame: ______________________

2 Ordne die Glücksräder nach ihren Gewinnchancen.

A

alle Vielfachen von 11 gewinnen

____

____

____

B

alle Zahlen, die auf 3 enden, gewinnen

____

____

____

____

C

alle Primzahlen gewinnen

____

____

____

Wahrscheinlichkeit – Übung II: Karten ziehen, Glücksrad (Lösung)

1 Mit welcher Wahrscheinlichkeit erwischst du beim Ziehen folgende Karten eines Skatblattes? Notiere jeweils daneben (als Bruch und in Prozent).

Hinweis: Ein Skatblatt besteht aus 32 Karten:
4 Farben – Karo, Herz, Pik, Kreuz
je 8 Karten – Bube, Dame, König, Ass, 7, 8, 9, 10

schwarze Farben

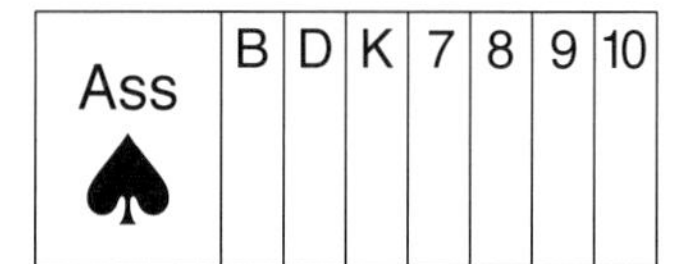

rote Farben

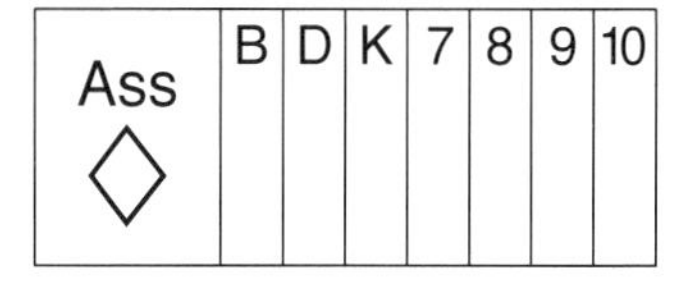

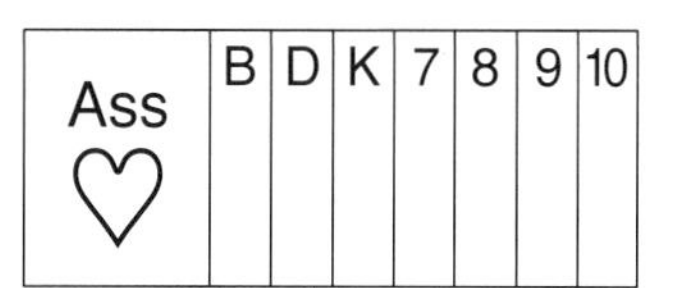

- Ass: *$\frac{4}{32}$ = 12,5 %*
- rote Karte: *$\frac{16}{32}$ = 50 %*
- Dame oder König: *$\frac{8}{32}$ = 25 %*
- schwarze Karte, aber nicht Bube: *$\frac{14}{32}$ = 43,75 %*
- 9 oder 10: *$\frac{8}{32}$ = 25%*
- Herzdame: *$\frac{1}{32}$ = 3,125 %*

2 Ordne die Glücksräder nach ihren Gewinnchancen.

A

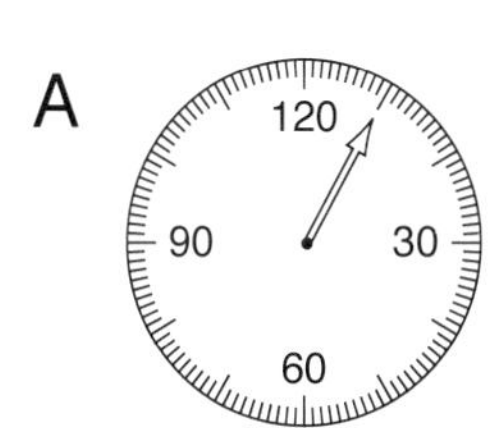

alle Vielfachen von 11 gewinnen

11, 22, 33, 44, 55,

66, 77, 88, 99, 110

$\frac{10}{120}$ ≈ 8,3 %

B

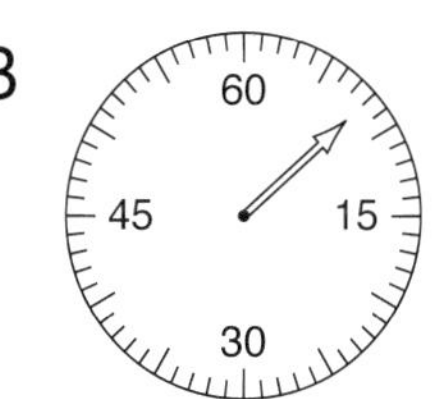

alle Zahlen, die auf 3 enden, gewinnen

3, 13, 23, 33,

43, 53

$\frac{6}{60}$ = 10 %

C

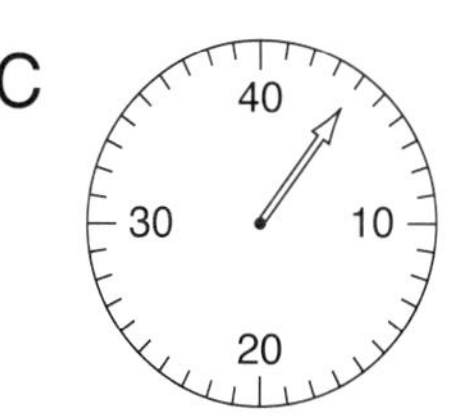

alle Primzahlen gewinnen

2, 3, 5, 7, 11, 13, 17,

19, 23, 29, 31, 37

$\frac{12}{40}$ = 30 %

1.C → 2.B → 3.A

Wahrscheinlichkeit – Übung III: Würfeln mit zwei Würfeln

Wie groß ist die Wahrscheinlichkeit, dass beim Würfeln mit zwei Würfeln (nicht gezinkt) ein Pasch gewürfelt wird?

Hinweis: Pasch heißt das Würfelergebnis, wenn beide Würfel die gleiche Augenzahl haben.

Überlege, wie viele Ereignisse beim Würfeln mit zwei Würfeln eintreten können.

	⚀	⚁	⚂	⚃	⚄	⚅
⚀						
⚁						
⚂						
⚃						
⚄						
⚅						

____

____

____

____

Bestimme die Wahrscheinlichkeit für folgende Wurfergebnisse beim Würfeln mit zwei Würfeln.

a) Die Augensumme beträgt 5. ____________

b) Die Augensumme ist eine durch 3 teilbare Zahl. ____________

c) Beide Würfel zeigen eine gerade Zahl. ____________

d) Die Augenzahl des ersten Würfels ist ein Teiler der Augenzahl des zweiten Würfels. ____________

e) Die Augensumme beträgt 5, 6 oder 7. ____________

f) Die Augensumme ist ein Vielfaches von 4. ____________

Hinweis: Nutze zur Bestimmung der günstigen Ereignisse die Diagramme auf dem folgenden Arbeitsblatt.

Wahrscheinlichkeit – Übung III: Würfeln mit zwei Würfeln

Augensumme 5:

a)

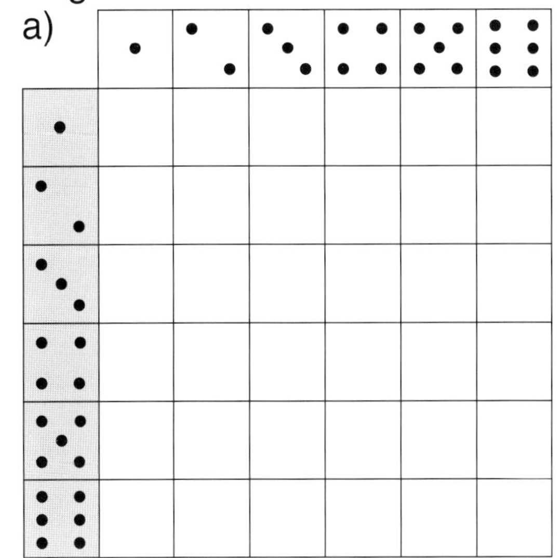

Augensumme durch 3 teilbar:

b)

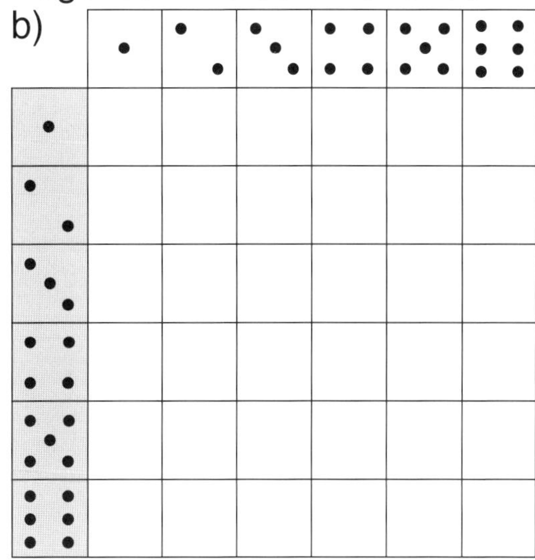

beide gerade Zahl:

c)

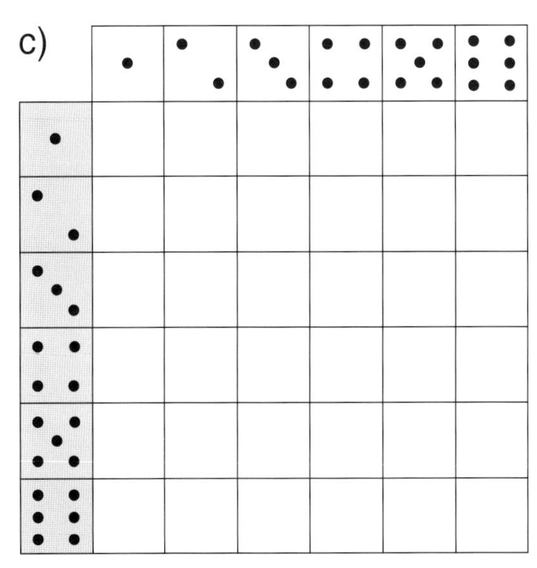

Augenzahl (grau) teilbar durch Augenzahl (weiß)

d)

Augensumme 5, 6, 7:

e)

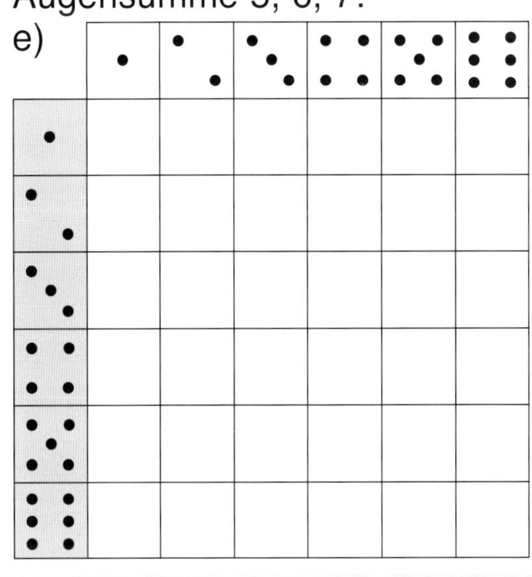

Augensumme Vielfaches von 4:

f)

Wahrscheinlichkeit – Übung III: Würfeln mit zwei Würfeln (Lösung)

Wie groß ist die Wahrscheinlichkeit, dass beim Würfeln mit zwei Würfeln (nicht gezinkt) ein Pasch gewürfelt wird?

Hinweis: Pasch heißt das Würfelergebnis, wenn beide Würfel die gleiche Augenzahl haben.

Überlege, wie viele Ereignisse beim Würfeln mit zwei Würfeln eintreten können.

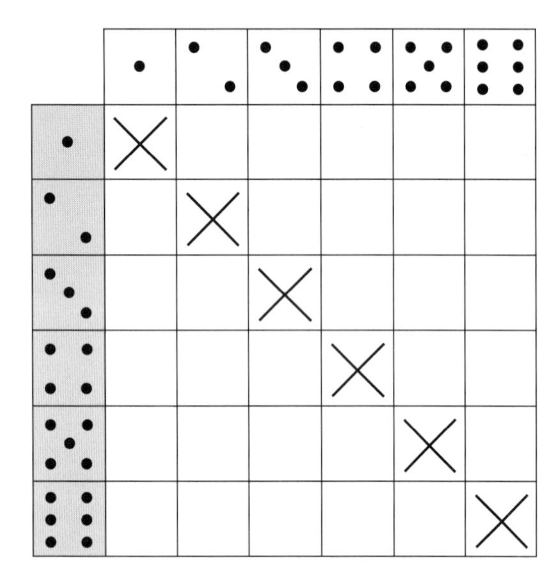

Es gibt 36 mögliche Wurfergebnisse.

$\frac{6}{36} = \frac{1}{6} \approx 16{,}7\,\%$

Mit einer Wahrscheinlichkeit von 16,7 % wird ein Pasch gewürfelt.

Bestimme die Wahrscheinlichkeit für folgende Wurfergebnisse beim Würfeln mit zwei Würfeln.

a) Die Augensumme beträgt 5. — $\frac{4}{36} \approx 11{,}1\,\%$

b) Die Augensumme ist eine durch 3 teilbare Zahl. — $\frac{12}{36} \approx 33{,}3\,\%$

c) Beide Würfel zeigen eine gerade Zahl. — $\frac{9}{36} = 25\,\%$

d) Die Augenzahl des ersten Würfels ist ein Teiler der Augenzahl des zweiten Würfels. — $\frac{14}{36} \approx 38{,}9\,\%$

e) Die Augensumme beträgt 5, 6 oder 7. — $\frac{15}{36} \approx 41{,}7\,\%$

f) Die Augensumme ist ein Vielfaches von 4. — $\frac{9}{36} = 25\,\%$

Hinweis: Nutze zur Bestimmung der günstigen Ereignisse die Diagramme auf dem folgenden Arbeitsblatt.

Wahrscheinlichkeit – Übung III: Würfeln mit zwei Würfeln (Lösung)

Augensumme 5:

a)

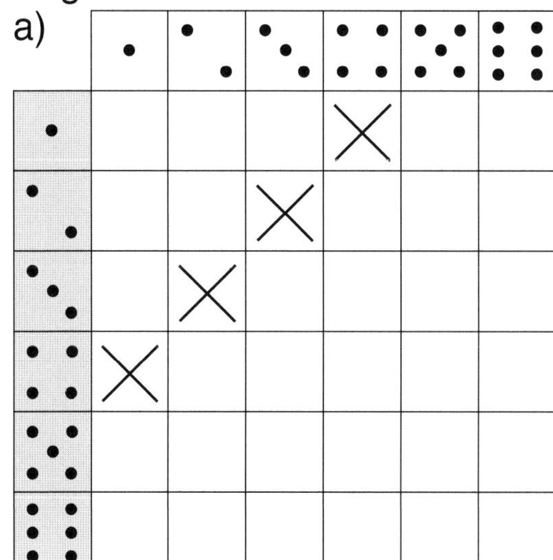

Augensumme durch 3 teilbar:

b)

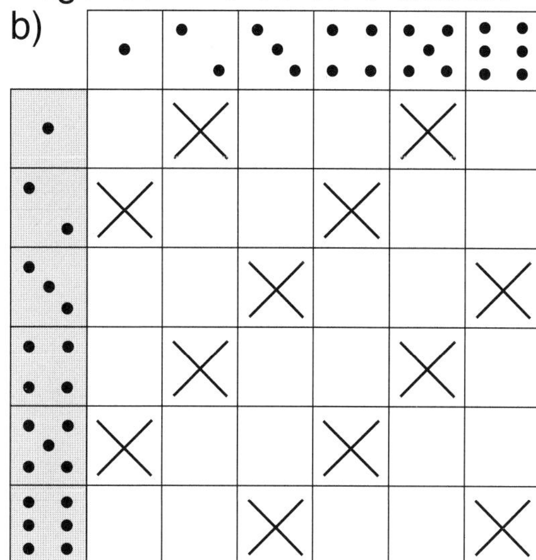

beide gerade Zahl:

c)

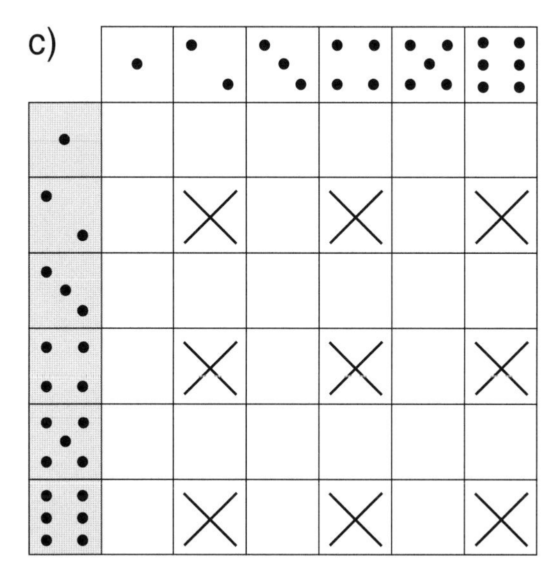

Augenzahl (grau) teilbar durch Augenzahl (weiß)

d)

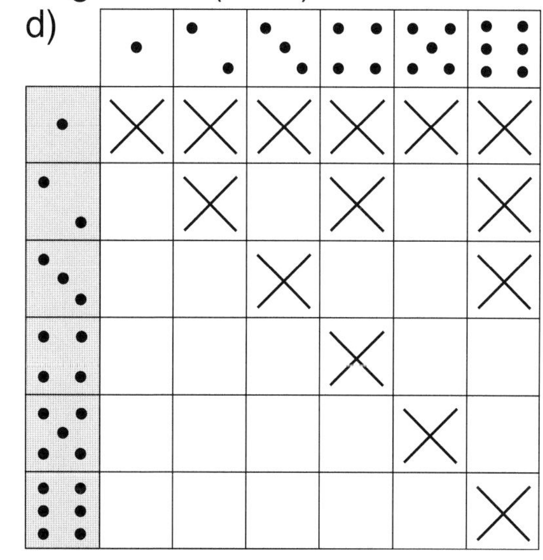

Augensumme 5, 6, 7:

e)

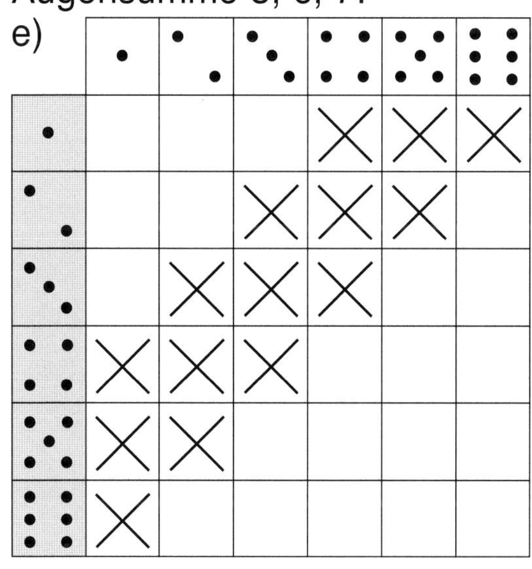

Augensumme Vielfaches von 4:

f)

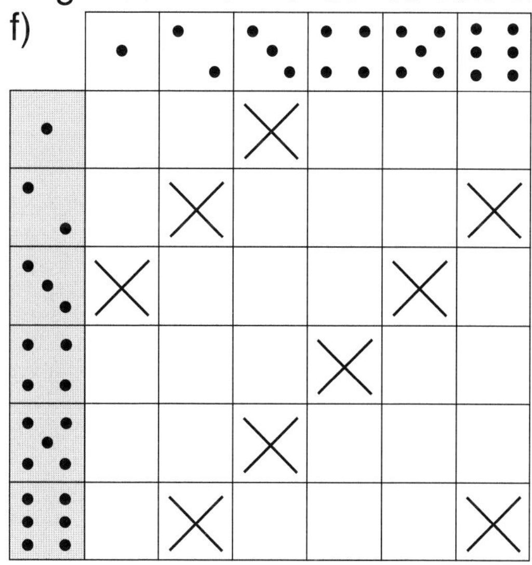

Wahrscheinlichkeit – Vermischte Übungen

1 Die 30 Schülerinnnen und Schüler der neuen 5a kommen aus vier verschiedenen Grundschulen.
Zehn von der Diesterweg-Schule, sechs von der Pestalozzi-Schule, fünf von der Jansen-Schule und neun von der Bergschule.
Wie groß ist die Wahrscheinlichkeit, dass ein zufällig ausgewählter Schüler von der Jansen-Schule kommt?

2 Ein Farbwürfel (rot, gelb, blau, grün, weiß, schwarz) und ein Knopf (Vorderseite, Rückseite) werden zum Glücksspiel genutzt.
Man gewinnt, wenn die Farben Rot, Blau und Grün erwürfelt werden und der Knopf auf die Vorderseite fällt.
Wie groß ist die Gewinnchance?

3 a) Wie groß ist die Wahrscheinlichkeit, dass die 1 als erste Zahl bei der Ziehung der Lottozahlen 6 aus 49 gezogen wird?

b) Es wurden bereits 13, 17, 34, 46 gezogen.
Mit welcher Wahrscheinlichkeit wird jetzt die 49 gezogen?

4 Zeichne ein Glücksrad mit 16 gleich großen Feldern. Färbe so, dass beim Drehen folgende Chancen bestehen:
rot: 0,5, gelb: $\frac{1}{4}$, blau: $\frac{1}{8}$, Rest weiß.
Welche Chance besteht, beim Drehen auf ein weißes Feld zu kommen?

Wahrscheinlichkeit – Vermischte Übungen (Lösung)

1 Die 30 Schülerinnnen und Schüler der neuen 5a kommen aus vier verschiedenen Grundschulen.
Zehn von der Diesterweg-Schule, sechs von der Pestalozzi-Schule, fünf von der Jansen-Schule und neun von der Bergschule.
Wie groß ist die Wahrscheinlichkeit, dass ein zufällig ausgewählter Schüler von der Jansen-Schule kommt?

insgesamt: 10 + 6 + 5 + 9 = 30 Schüler

$\frac{5}{30} = \frac{1}{6} \approx 16{,}7\,\%$

2 Ein Farbwürfel (rot, gelb, blau, grün, weiß, schwarz) und ein Knopf (Vorderseite, Rückseite) werden zum Glücksspiel genutzt.
Man gewinnt, wenn die Farben Rot, Blau und Grün erwürfelt werden und der Knopf auf die Vorderseite fällt.
Wie groß ist die Gewinnchance?

Würfel: $\frac{3}{6} = \frac{1}{2}$ *Knopf:* $\frac{1}{2}$ *Gewinn:* $\frac{1}{2} \cdot \frac{1}{2} = \frac{1}{4} = 25\,\%$

3 a) Wie groß ist die Wahrscheinlichkeit, dass die 1 als erste Zahl bei der Ziehung der Lottozahlen 6 aus 49 gezogen wird?

$\frac{1}{49} \approx 2{,}0\,\%$

b) Es wurden bereits 13, 17, 34, 46 gezogen.
Mit welcher Wahrscheinlichkeit wird jetzt die 49 gezogen?

49 – 4 = 45; noch 45 Kugeln im Behälter

$\frac{1}{45} \approx 2{,}2\,\%$

4 Zeichne ein Glücksrad mit 16 gleich großen Feldern. Färbe so, dass beim Drehen folgende Chancen bestehen:
rot: 0,5, gelb: $\frac{1}{4}$, blau: $\frac{1}{8}$, Rest weiß.
Welche Chance besteht, beim Drehen auf ein weißes Feld zu kommen?

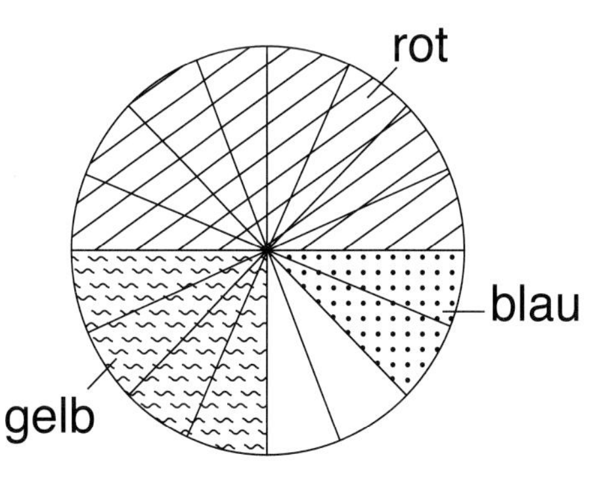

weiß: $1 - 0{,}5 - \frac{1}{4} - \frac{1}{8} = \frac{1}{8}$

Bist du fit? – Teste dein Wissen!

❶ Jan besitzt ein Vertragshandy. Um seine monatlichen Ausgaben besser kontrollieren zu können, erhält er mit der Rechnung einen Einzelverbindungsnachweis. Im Februar ergaben sich folgende Verbindungen:

Festnetz Inland:	6			
Verbindungen netzintern:	4			
Verbindungen anderer Netze:	2			
SMS netzintern:	37			
SMS zu anderen Netzen:	51			

Bestimme die relativen Häufigkeiten in allen drei Darstellungsformen.

❷ Bei einem 2000-m-Lauf sind sechs Läufer am Start. Bestimme die Anzahl der Möglichkeiten für den Zieleinlauf.

❸ In einer Lostrommel liegen 20 Lose mit den Losnummern 1 bis 20. Wie groß ist die Wahrscheinlichkeit für das Ziehen eines Loses, wenn Folgendes gilt?

a) Die Losnummer ist eine Primzahl. ____________

b) Die Losnummer ist gerade. ____________

c) Die Losnummer ist eine Quadratzahl. ____________

d) Die Losnummer ist durch 5 teilbar. ____________

e) Die Losnummer enthält als Ziffer die 3. ____________

❹ In einem Beutel befinden sich 15 Glasmurmeln, manche rot, die anderen blau. Es wurde beim 200-maligen Herausnehmen 122-mal eine rote und 78-mal eine blaue Kugel gegriffen.
Wie viele rote Kugeln befinden sich möglicherweise im Gefäß?

____

Bist du fit? – Teste dein Wissen! (Lösung)

1 Jan besitzt ein Vertragshandy. Um seine monatlichen Ausgaben besser kontrollieren zu können, erhält er mit der Rechnung einen Einzelverbindungsnachweis. Im Februar ergaben sich folgende Verbindungen:

Festnetz Inland:	6	*6/100*	*0,06*	*6 %*
Verbindungen netzintern:	4	*4/100*	*0,04*	*4 %*
Verbindungen anderer Netze:	2	*2/100*	*0,02*	*2 %*
SMS netzintern:	37	*37/100*	*0,37*	*37 %*
SMS zu anderen Netzen:	51	*51/100*	*0,51*	*51 %*

Bestimme die relativen Häufigkeiten in allen drei Darstellungsformen.

2 Bei einem 2000-m-Lauf sind sechs Läufer am Start. Bestimme die Anzahl der Möglichkeiten für den Zieleinlauf.

$6 \cdot 5 \cdot 4 \cdot 3 \cdot 2 \cdot 1 = 720$

3 In einer Lostrommel liegen 20 Lose mit den Losnummern 1 bis 20. Wie groß ist die Wahrscheinlichkeit für das Ziehen eines Loses, wenn Folgendes gilt?

a) Die Losnummer ist eine Primzahl. $\frac{8}{20} = 40\,\%$
(2, 3, 5, 7, 11, 13, 17, 19)

b) Die Losnummer ist gerade. $\frac{10}{20} = 50\,\%$
(2, 4, 6, 8, 10, 12, 14, 16, 18, 20)

c) Die Losnummer ist eine Quadratzahl. $\frac{4}{20} = 20\,\%$
(1, 4, 9, 16)

d) Die Losnummer ist durch 5 teilbar. $\frac{4}{20} = 20\,\%$
(5, 10, 15, 20)

e) Die Losnummer enthält als Ziffer die 3. $\frac{2}{20} = 10\,\%$
(3, 13)

4 In einem Beutel befinden sich 15 Glasmurmeln, manche rot, die anderen blau. Es wurde beim 200-maligen Herausnehmen 122-mal eine rote und 78-mal eine blaue Kugel gegriffen.
Wie viele rote Kugeln befinden sich möglicherweise im Gefäß? $\frac{122}{200} = 61\,\%$

61 % von 15 = 9 rote Kugeln

Mehrstufige Zufallsversuche – Baumdiagramm

Ein Lehrer hat die vier Buchstabenkarten K, E, O und A. Er lässt nacheinander zwei Karten (ohne Zurücklegen) ziehen.
Wie viele verschiedene Buchstabenkombinationen können gezogen werden?
Wie groß ist die Wahrscheinlichkeit, dass dabei zufällig die Buchstabenkombination „OK“ gezogen wird?

____

____

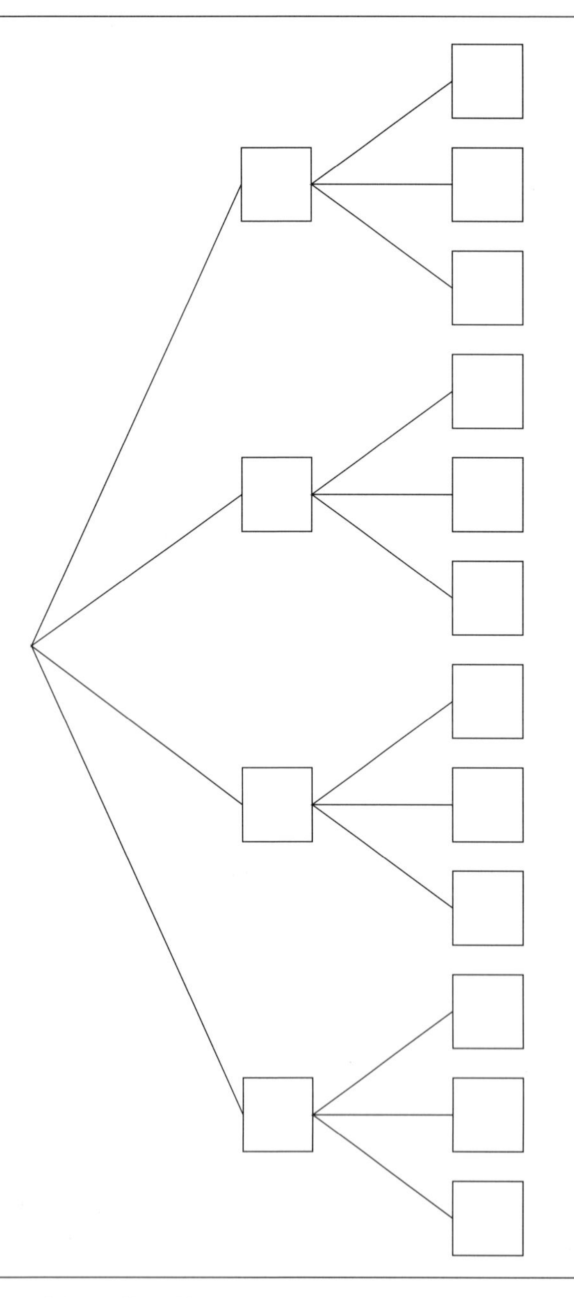

Merke: Um die Ergebnismenge mehrstufiger Zufallsversuche übersichtlich darzustellen, nutzt man sogenannte ____________________.

Mehrstufige Zufallsversuche – Baumdiagramm (Lösung)

Ein Lehrer hat die vier Buchstabenkarten K, E, O und A. Er lässt nacheinander zwei Karten (ohne Zurücklegen) ziehen.
Wie viele verschiedene Buchstabenkombinationen können gezogen werden?
Wie groß ist die Wahrscheinlichkeit, dass dabei zufällig die Buchstabenkombination „OK" gezogen wird?

Es können 12 unterschiedliche Kombinationen gezogen werden.

Die Wahrscheinlichkeit für „OK" beträgt $\frac{1}{12}$ bzw. ungefähr 8,3 %.

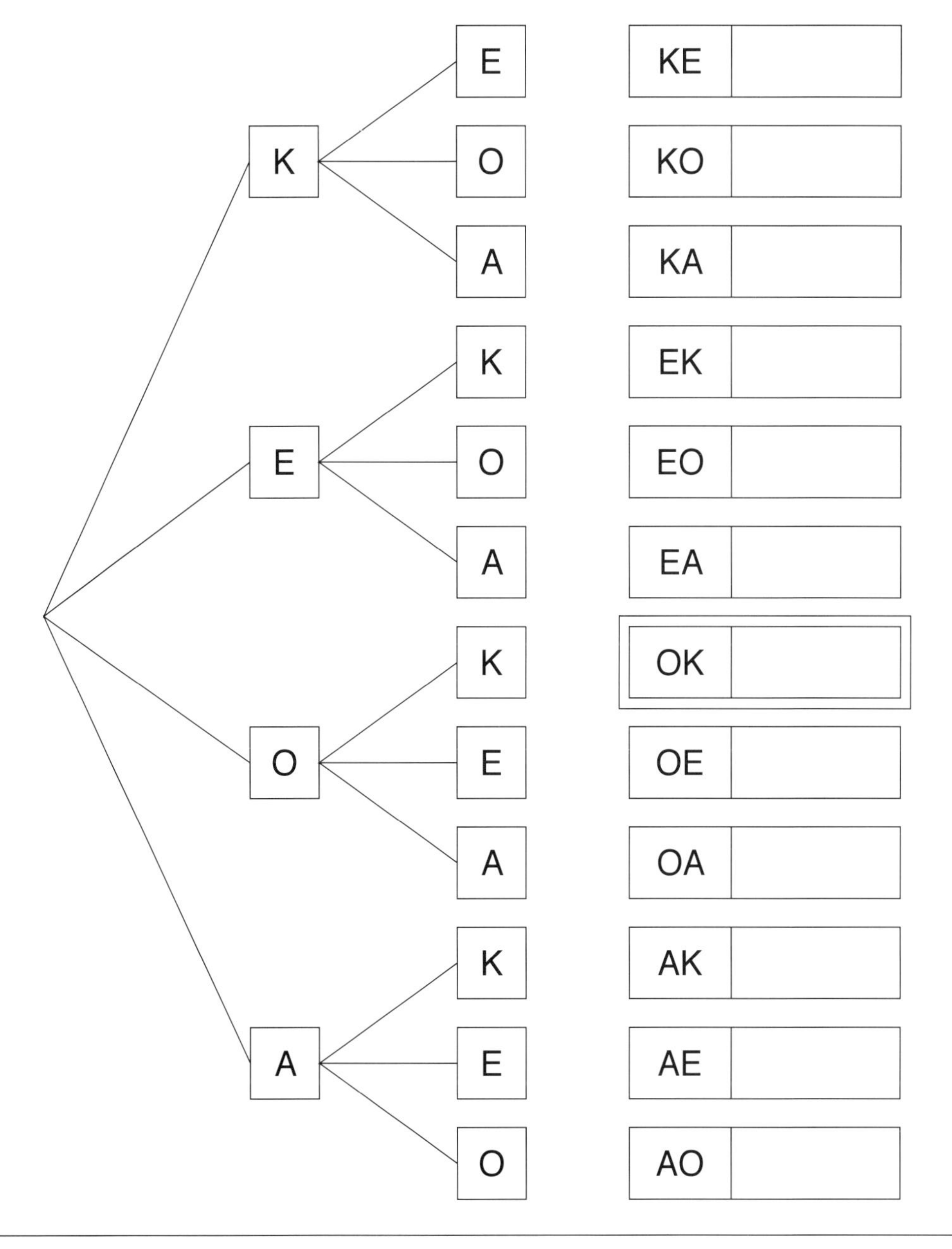

Merke: Um die Ergebnismenge mehrstufiger Zufallsversuche übersichtlich darzustellen, nutzt man sogenannte *Baumdiagramme*.

Mehrstufige Zufallsversuche – Baumdiagramme aufstellen

1. Eine Fahrradfirma bietet für die nächste Saison die Neuentwicklung eines Rades in folgenden Ausführungen an:
   Rahmenfarbe: silber, anthrazit, metallicblau;
   Felgen: Stahl, Alu;
   Federung: nur hinten, Vollfederung vorn und hinten

   Fertige ein Baumdiagramm an.
   Zwischen wie vielen Ausführungen dieses Rades kann man wählen?

2. Wie viele verschiedene Möglichkeiten gibt es, aus einem Glas mit fünf unterschiedlich gefärbten Kugeln (gelb, rot, blau, weiß, schwarz) zwei herauszunehmen? Dabei ist die Reihenfolge von Bedeutung. Notiere deine Überlegung und dein Ergebnis.
   Die gezogenen Kugeln sollen nicht wieder zurückgelegt werden.

3. Wie viele dreifarbige Wimpel können aus sieben Farben zusammengestellt werden?

Mehrstufige Zufallsversuche – Baumdiagramme aufstellen (Lösung)

1 Eine Fahrradfirma bietet für die nächste Saison die Neuentwicklung eines Rades in folgenden Ausführungen an:
Rahmenfarbe: silber, anthrazit, metallicblau;
Felgen: Stahl, Alu;
Federung: nur hinten, Vollfederung vorn und hinten

Fertige ein Baumdiagramm an.
Zwischen wie vielen Ausführungen dieses Rades kann man wählen?

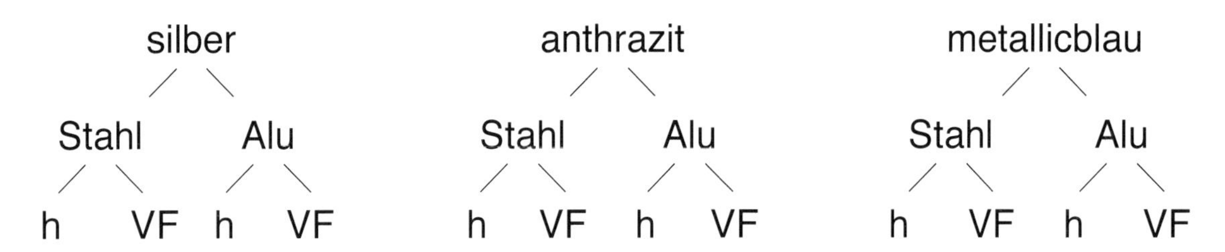

h: hinten
VF: Vollfederung

Es gibt 12 verschiedene Ausführungen.

2 Wie viele verschiedene Möglichkeiten gibt es, aus einem Glas mit fünf unterschiedlich gefärbten Kugeln (gelb, rot, blau, weiß, schwarz) zwei herauszunehmen? Dabei ist die Reihenfolge von Bedeutung. Notiere deine Überlegung und dein Ergebnis.
Die gezogenen Kugeln sollen nicht wieder zurückgelegt werden.

$5 \cdot 4 = 20$

Es gibt 20 Möglichkeiten.

3 Wie viele dreifarbige Wimpel können aus sieben Farben zusammengestellt werden?

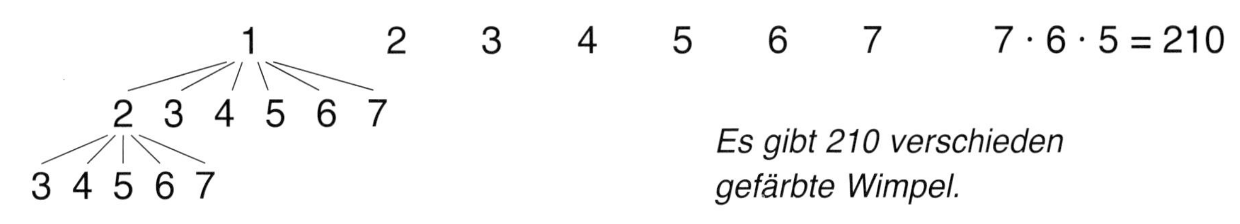

$7 \cdot 6 \cdot 5 = 210$

Es gibt 210 verschieden gefärbte Wimpel.

Mehrstufige Zufallsversuche – Pfadregel

Beim „Mensch-ärgere-dich-nicht“ darf man einen Spielstein ins Feld setzen, wenn man eine 6 erwürfelt. Man hat bis zu drei Würfe.
Wie groß ist die Wahrscheinlichkeit, dass man einen Stein ins Spiel setzt?

Überlege: beim 1. Wurf
beim 2. Wurf usw.

Nutze zur Darstellung ein Baumdiagramm.

Merke: Mit einem ________________ lassen sich bei ______________ ________________ die möglichen Ereignisse veranschaulichen.
Die Wege entlang der einzelnen Äste für (günstige) Ereignisse bezeichnet man als ______.

Merke: Die Wahrscheinlichkeit für ein günstiges Ereignis – für einen Pfad – berechnet man als ______________________________ __________________________.

Mehrstufige Zufallsversuche – Pfadregel (Lösung)

Beim „Mensch-ärgere-dich-nicht“ darf man einen Spielstein ins Feld setzen, wenn man eine 6 erwürfelt. Man hat bis zu drei Würfe.
Wie groß ist die Wahrscheinlichkeit, dass man einen Stein ins Spiel setzt?

1. Wurf	*2. Wurf*	*3. Wurf*	*Wahrscheinlichkeit*
6			$\frac{1}{6} \approx 16{,}7\,\%$
~~6~~	*6*		$\frac{5}{6}$ *von* $\frac{1}{6} = \frac{5}{6} \cdot \frac{1}{6} = \frac{5}{36} \approx 13{,}9\,\%$

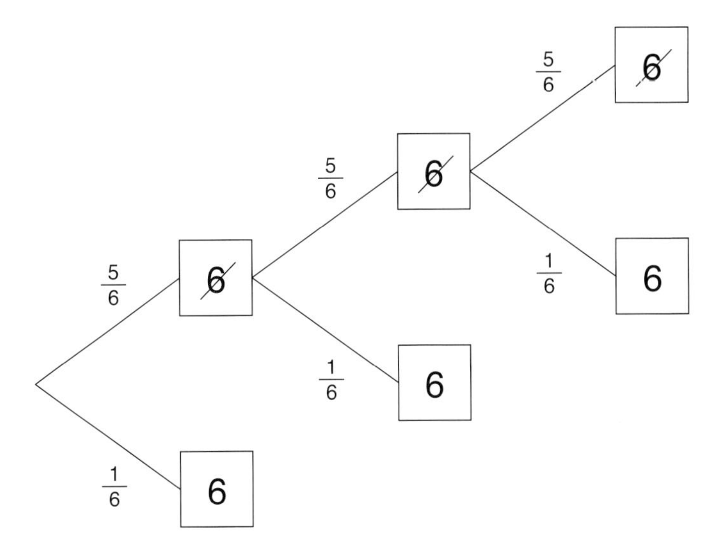

$\frac{5}{6} \cdot \frac{5}{6} \cdot \frac{5}{6} = \frac{125}{216}$

$\frac{5}{6} \cdot \frac{5}{6} \cdot \frac{1}{6} = \frac{25}{216}$

$\frac{5}{6} \cdot \frac{1}{6} = \frac{5}{36}$

$\frac{1}{6} = \frac{1}{6}$

Gesamt:

$\frac{91}{216} \approx 42\,\%$

Merke: Mit einem *Baumdiagramm* lassen sich bei *mehrstufigen Zufallsversuchen* die möglichen Ereignisse veranschaulichen. Die Wege entlang der einzelnen Äste für (günstige) Ereignisse bezeichnet man als *Pfad*.

Merke: Die Wahrscheinlichkeit für ein günstiges Ereignis – für einen Pfad – berechnet man als *Produkt aller entlang des Pfades auftretenden Wahrscheinlichkeiten*.

Mehrstufige Zufallsversuche – Summenregel

In einem Behälter befinden sich fünf weiße und fünf schwarze Kugeln. Hat man eine faire Chance, beim zweimaligen Ziehen (ohne die erste zurückzulegen) zwei gleichfarbige Kugeln zu ziehen?

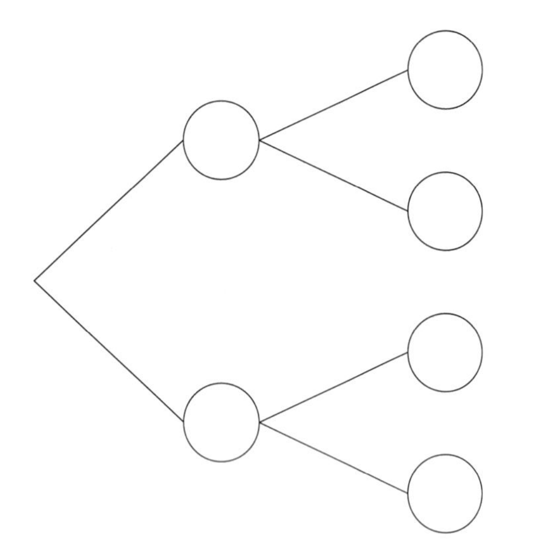

Merke: Man erhält die Wahrscheinlichkeit eines Ereignisses, indem man ______________________________ der dazugehörigen Ergebnisse ______________ .

Ist das oben beschriebene Glücksspiel fair, wenn sich im Behälter fünf schwarze und zehn weiße Kugeln befinden?

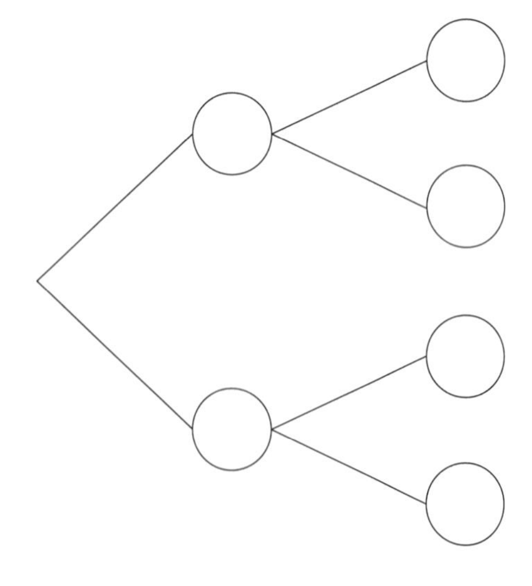

Mehrstufige Zufallsversuche – Summenregel (Lösung)

In einem Behälter befinden sich fünf weiße und fünf schwarze Kugeln. Hat man eine faire Chance, beim zweimaligen Ziehen (ohne die erste zurückzulegen) zwei gleichfarbige Kugeln zu ziehen?

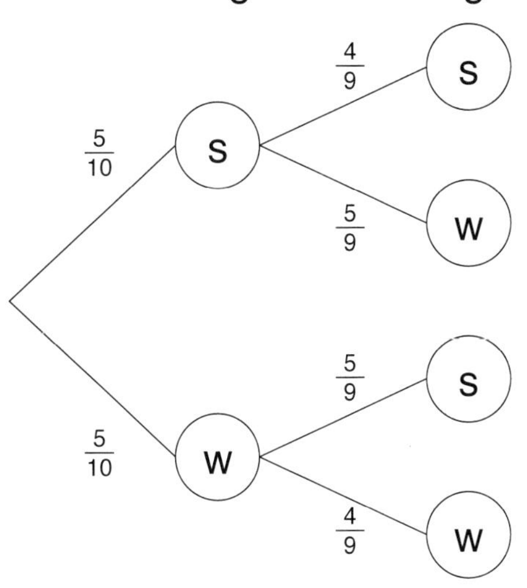

ss	$\frac{5}{10} \cdot \frac{4}{9} = \frac{20}{90}$
sw	$\frac{5}{10} \cdot \frac{5}{9} = \frac{25}{90}$
ws	$\frac{5}{10} \cdot \frac{5}{9} = \frac{25}{90}$
ww	$\frac{5}{10} \cdot \frac{4}{9} = \frac{20}{90}$

Gewonnen: ss, ww $\frac{20}{90} + \frac{20}{90} = \frac{40}{90} \approx 44{,}4\%$

Merke: Man erhält die Wahrscheinlichkeit eines Ereignisses, indem man *die einzelnen Wahrscheinlichkeiten* der dazugehörigen Ergebnisse *addiert*.

Ist das oben beschriebene Glücksspiel fair, wenn sich im Behälter fünf schwarze und zehn weiße Kugeln befinden?

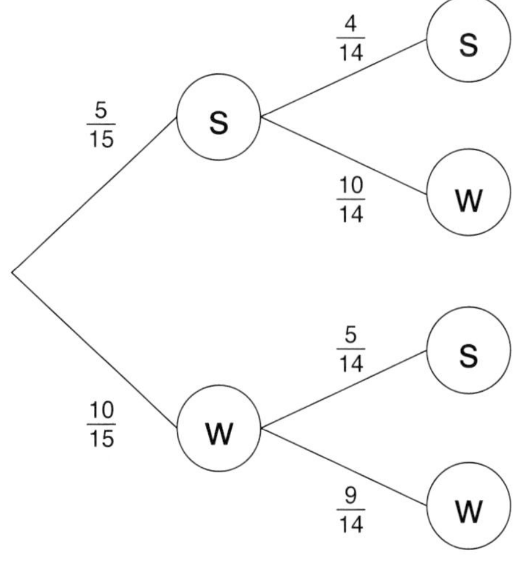

ss	$\frac{5}{15} \cdot \frac{4}{14} = \frac{20}{210}$
sw	$\frac{5}{15} \cdot \frac{10}{14} = \frac{50}{210}$
ws	$\frac{10}{15} \cdot \frac{5}{14} = \frac{50}{210}$
ww	$\frac{10}{15} \cdot \frac{9}{14} = \frac{90}{210}$

Gewinn: ww, ss $\frac{20}{210} + \frac{90}{210} = \frac{110}{210} \approx 52{,}4\%$

Mehrstufige Zufallsversuche – Übung I: Kugeln

1 Aus einem Beutel mit unterschiedlich farbigen Kugeln werden nacheinander (ohne Zurücklegen) drei Kugeln entnommen.

Bestimme die Wahrscheinlichkeit für

a) rot – grün – blau

____

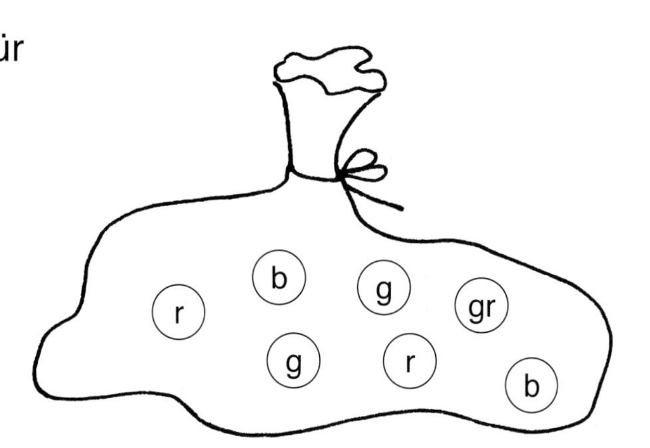

b) rot – rot – gelb

____

c) gelb – grün – blau

____

2 Aus der Socke mit nummerierten Kugeln werden nacheinander (ohne Zurücklegen) vier Kugeln gezogen.

Bestimme die Wahrscheinlichkeit für folgende Zahlenkombinationen:

a) 1 – 2 – 3 – 5

____

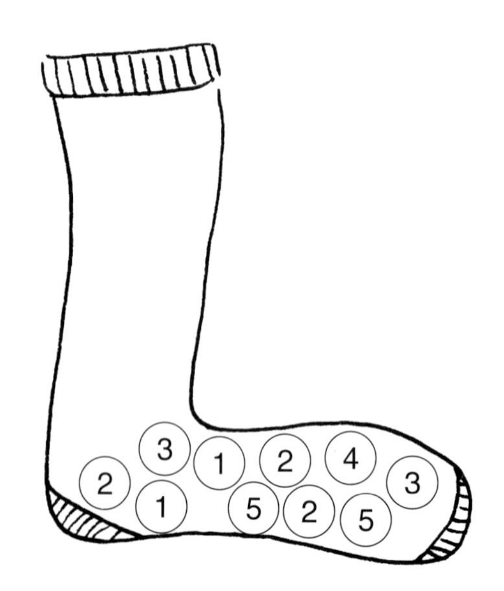

b) 1 – 3 – 3 – 4

____

b) 1 – 1 – 2 – 2

____

Mehrstufige Zufallsversuche – Übung I: Kugeln (Lösung)

1 Aus einem Beutel mit unterschiedlich farbigen Kugeln werden nacheinander (ohne Zurücklegen) drei Kugeln entnommen.

Bestimme die Wahrscheinlichkeit für

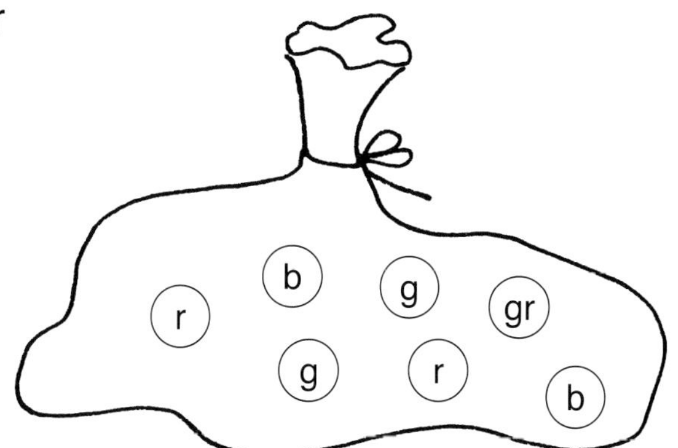

a) rot – grün – blau

$\frac{2}{7} \cdot \frac{1}{6} \cdot \frac{2}{5} = \frac{4}{210} \approx 1{,}9\,\%$

b) rot – rot – gelb

$\frac{2}{7} \cdot \frac{1}{6} \cdot \frac{2}{5} = \frac{4}{210} \approx 1{,}9\,\%$

c) gelb – grün – blau

$\frac{2}{7} \cdot \frac{1}{6} \cdot \frac{2}{5} = \frac{4}{210} \approx 1{,}9\,\%$

2 Aus der Socke mit nummerierten Kugeln werden nacheinander (ohne Zurücklegen) vier Kugeln gezogen.

Bestimme die Wahrscheinlichkeit für folgende Zahlenkombinationen:

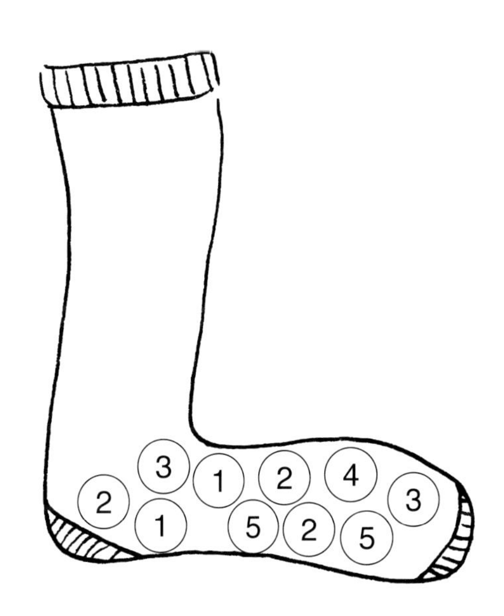

a) 1 – 2 – 3 – 5

$\frac{2}{10} \cdot \frac{3}{9} \cdot \frac{2}{8} \cdot \frac{2}{7} = \frac{24}{5040} \approx 0{,}48\,\%$

b) 1 – 3 – 3 – 4

$\frac{2}{10} \cdot \frac{2}{9} \cdot \frac{1}{8} \cdot \frac{1}{7} = \frac{4}{5040} \approx 0{,}08\,\%$

b) 1 – 1 – 2 – 2

$\frac{2}{10} \cdot \frac{1}{9} \cdot \frac{3}{8} \cdot \frac{2}{7} = \frac{12}{5040} \approx 0{,}24\,\%$

Mehrstufige Zufallsversuche – Übung II: Würfel

Ein (nicht gezinkter) Spielewürfel wird dreimal nacheinander geworfen.
Nur das Wurfergebnis „1“ führt zum Ziel.

Berechne jeweils die Wahrscheinlichkeit für folgende Ereignisse:

a) Es wird bei allen drei Würfen die 1 gewürfelt.

b) Es wird niemals eine 1 gewürfelt.

c) Es wird genau eine 1 gewürfelt.

d) Es wird bei zweien der drei Würfe eine 1 gewürfelt.

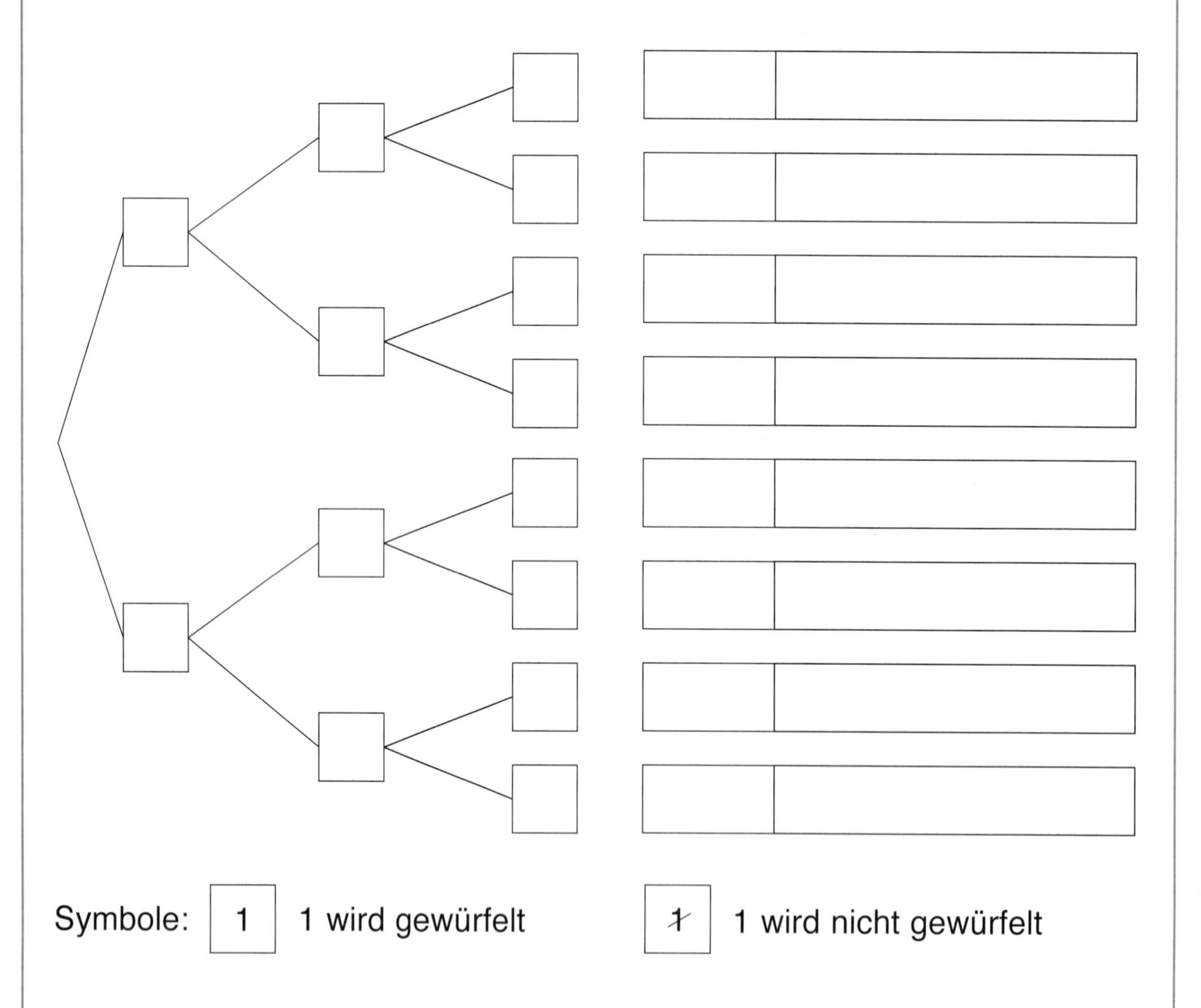

Mehrstufige Zufallsversuche – Übung II: Würfel (Lösung)

Ein (nicht gezinkter) Spielewürfel wird dreimal nacheinander geworfen. Nur das Wurfergebnis „1“ führt zum Ziel.

Berechne jeweils die Wahrscheinlichkeit für folgende Ereignisse:

a) Es wird bei allen drei Würfen die 1 gewürfelt.

b) Es wird niemals eine 1 gewürfelt.

c) Es wird genau eine 1 gewürfelt.

d) Es wird bei zweien der drei Würfe eine 1 gewürfelt.

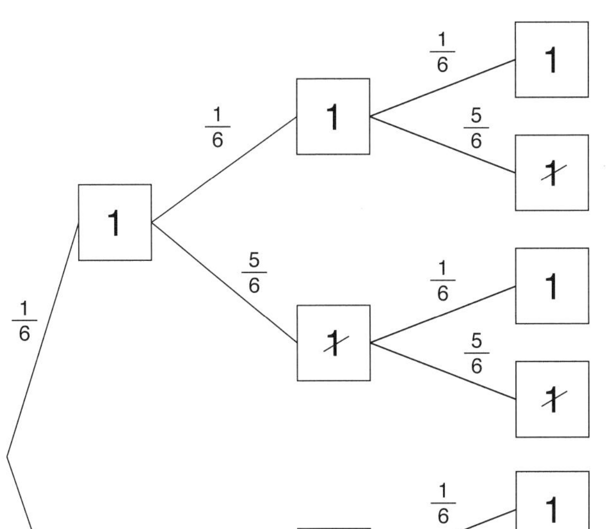

a)	1, 1, 1	$\frac{1}{6} \cdot \frac{1}{6} \cdot \frac{1}{6} \approx 0{,}46\,\%$
d)	1, 1, $\not1$	$\frac{1}{6} \cdot \frac{1}{6} \cdot \frac{5}{6} \approx 2{,}3\,\%$
d)	1, $\not1$, 1	$\frac{1}{6} \cdot \frac{5}{6} \cdot \frac{1}{6} \approx 2{,}3\,\%$
c)	1, $\not1$, $\not1$	$\frac{1}{6} \cdot \frac{5}{6} \cdot \frac{5}{6} \approx 11{,}6\,\%$
d)	$\not1$, 1, 1	$\frac{5}{6} \cdot \frac{1}{6} \cdot \frac{1}{6} \approx 2{,}3\,\%$
c)	$\not1$, 1, $\not1$	$\frac{5}{6} \cdot \frac{1}{6} \cdot \frac{5}{6} \approx 11{,}6\,\%$
c)	$\not1$, $\not1$, 1	$\frac{5}{6} \cdot \frac{5}{6} \cdot \frac{1}{6} \approx 11{,}6\,\%$
b)	$\not1$, $\not1$, $\not1$	$\frac{5}{6} \cdot \frac{5}{6} \cdot \frac{5}{6} \approx 57{,}9\,\%$

Symbole: 1 — 1 wird gewürfelt; $\not1$ — 1 wird nicht gewürfelt

a) *0,46 %*

b) *57,9 %*

c) *11,6 % · 3 = 34,8 %*

d) *2,3 % · 3 = 6,9 %*

Mehrstufige Zufallsversuche – Übung III: Torwandschießen

1 Beim Schulsportfest können alle, die zur Zeit an keinem Wettkampf teilnehmen, das Torwandschießen probieren. Jeder hat drei Versuche.

Folgende Häufigkeiten ergaben sich nach der Auswertung.
Es wurde zu 30 % einmal getroffen, zu 16 % zweimal, zu 8 % dreimal und zu 46 % keinmal.

Wie groß ist die Wahrscheinlichkeit für folgende Schussergebnisse:

a) Treffer, kein Treffer, kein Treffer

____

____

b) kein Treffer, Treffer, Treffer

____

____

2 In einem Behälter sind sechs blaue und vier rote Kugeln. Wie groß ist die Wahrscheinlichkeit dafür, dass beim Ziehen ohne Zurücklegen zwei gleichfarbige Kugeln gezogen werden?

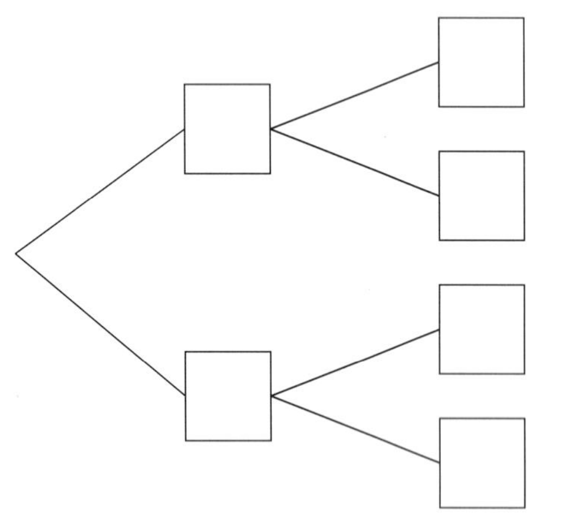

Hinweis: Verwende für rot – r und blau – b.

Mehrstufige Zufallsversuche – Übung III: Torwandschießen (Lösung)

1 Beim Schulsportfest können alle, die zur Zeit an keinem Wettkampf teilnehmen, das Torwandschießen probieren. Jeder hat drei Versuche.

Folgende Häufigkeiten ergaben sich nach der Auswertung.
Es wurde zu 30 % einmal getroffen, zu 16 % zweimal, zu 8 % dreimal und zu 46 % keinmal.

Wie groß ist die Wahrscheinlichkeit für folgende Schussergebnisse:

a) Treffer, kein Treffer, kein Treffer

Dieses Ereignis ist der Trefferzahl „einmal getroffen“ zuzuordnen, also höchstens 30 % (wegen der Treffer-Reihenfolge).

b) kein Treffer, Treffer, Treffer

Dieses Ereignis ist der Trefferzahl „zweimal getroffen“ zuzuordnen, also höchstens 16 % (wegen der Treffer-Reihenfolge).

2 In einem Behälter sind sechs blaue und vier rote Kugeln. Wie groß ist die Wahrscheinlichkeit dafür, dass beim Ziehen ohne Zurücklegen zwei gleichfarbige Kugeln gezogen werden?

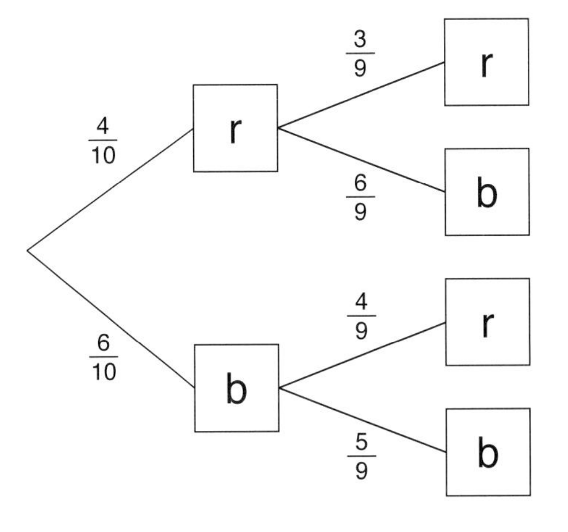

rr	$\frac{4}{10} \cdot \frac{3}{9} \approx 13{,}3\%$
rb	$\frac{4}{10} \cdot \frac{6}{9} \approx 26{,}7\%$
br	$\frac{6}{10} \cdot \frac{4}{9} \approx 26{,}7\%$
bb	$\frac{6}{10} \cdot \frac{5}{9} \approx 33{,}3\%$

Gewinn: rr und bb, also 13,3 % + 33,3 % = 46,6 %

Mehrstufige Zufallsversuche – Übung IV: Schlüssel

An einem Schlüsselbund hängen vier äußerlich kaum zu unterscheidende Schlüssel.
Nur ein Schlüssel passt genau zum Schloss.

Wie groß ist die Wahrscheinlichkeit, dass

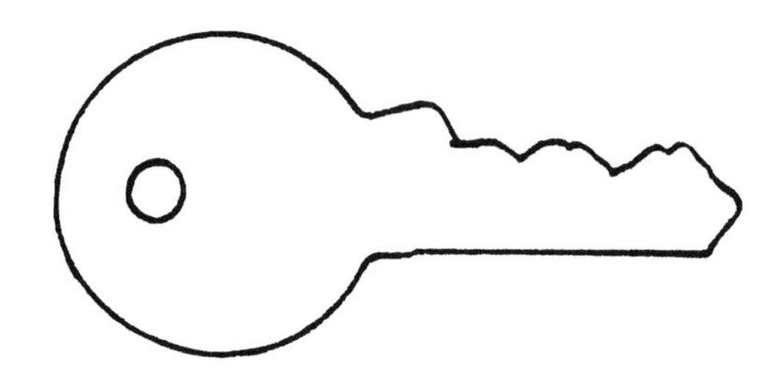

a) gleich beim ersten Versuch

b) spätestens beim zweiten Versuch
(d. h. beim ersten oder zweiten)

c) oder erst beim dritten Versuch
der richtige Schlüssel genutzt wird?

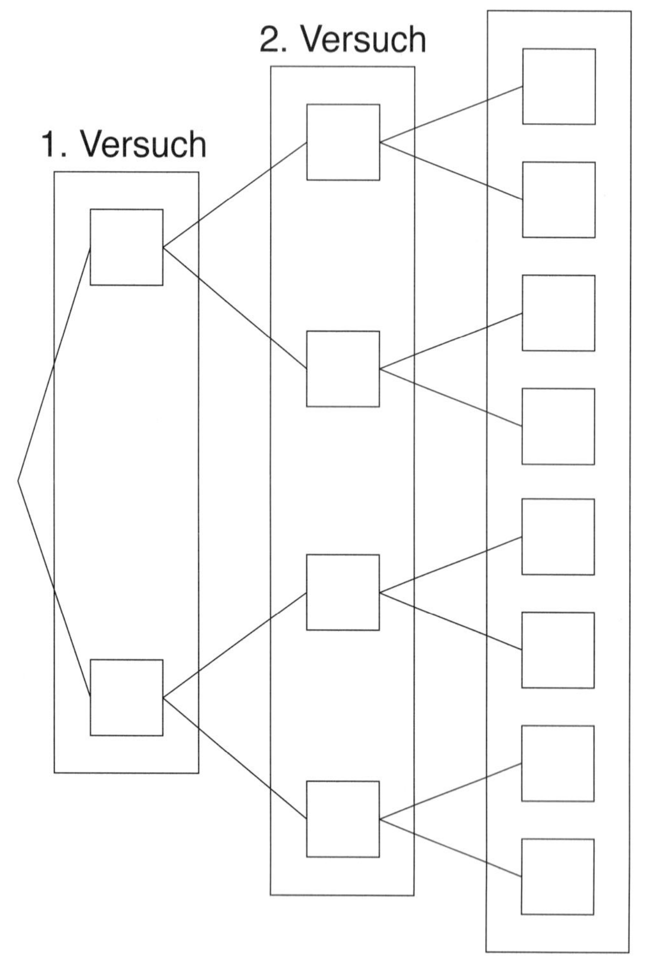

j: Schlüssel passt
n: Schlüssel passt nicht

Mehrstufige Zufallsversuche – Übung IV: Schlüssel (Lösung)

An einem Schlüsselbund hängen vier äußerlich kaum zu unterscheidende Schlüssel.
Nur ein Schlüssel passt genau zum Schloss.

Wie groß ist die Wahrscheinlichkeit, dass

a) gleich beim ersten Versuch

b) spätestens beim zweiten Versuch (d. h. beim ersten oder zweiten)

c) oder erst beim dritten Versuch der richtige Schlüssel genutzt wird?

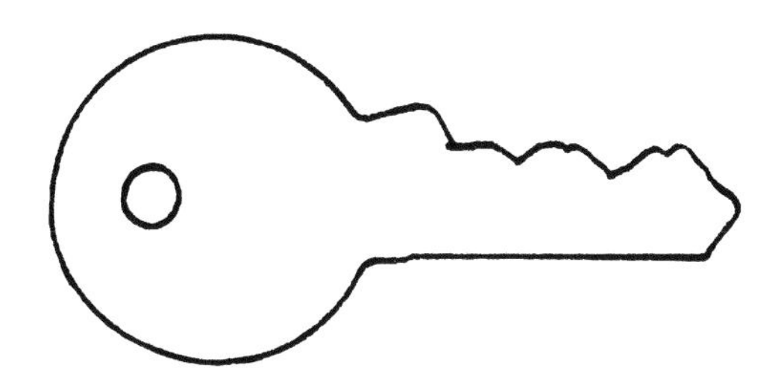

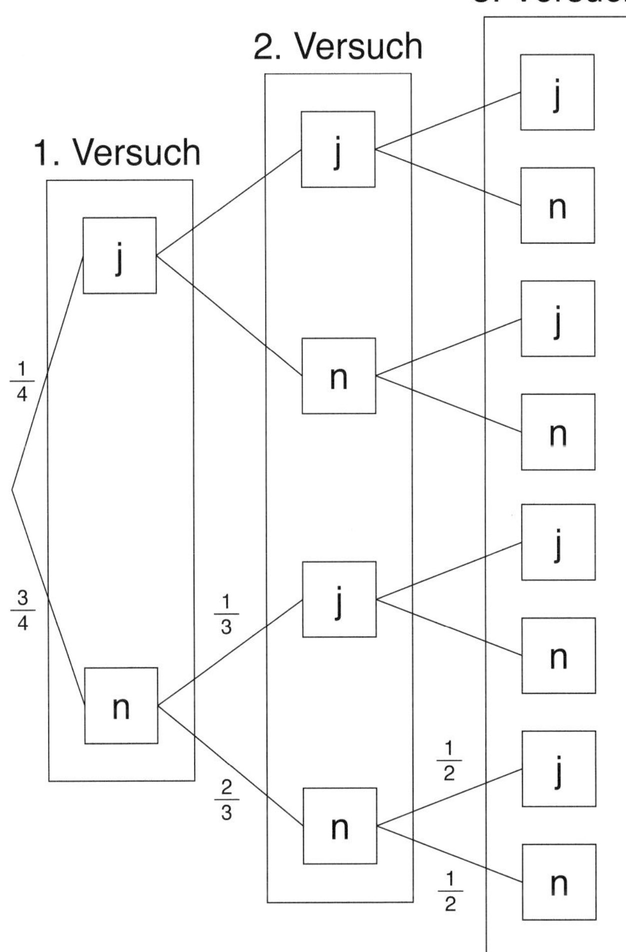

j j j	
j j n	
j n j	
j n n	
n j	$\frac{3}{4} \cdot \frac{1}{3} = \frac{3}{12} = 25\%$
n j	
n n j	$\frac{3}{4} \cdot \frac{2}{3} \cdot \frac{1}{2} = \frac{6}{24} = 25\%$
n n n	

j: Schlüssel passt
n: Schlüssel passt nicht

a) $\frac{1}{4} = 25\,\%$

b) $= 50\,\%$

c) $= 25\,\%$

Mehrstufige Zufallsversuche – Übung V: MUT

Auf dem Tisch liegen sechs Buchstabenkarten verdeckt und gemischt.

Wie groß ist die Wahrscheinlichkeit, dass beim Aufdecken von drei Karten nacheinander die Buchstabenfolge MUT aufgedeckt wird?

M U T T E R

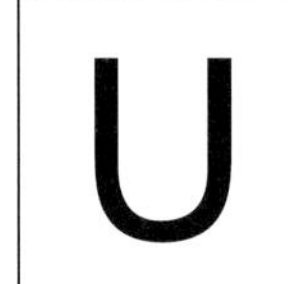

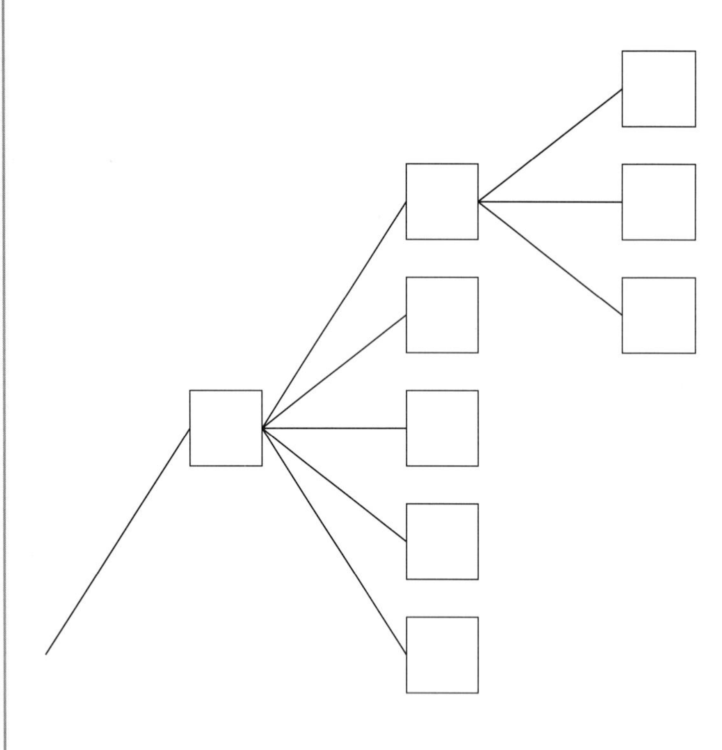

Mehrstufige Zufallsversuche – Übung V: MUT (Lösung)

Auf dem Tisch liegen sechs Buchstabenkarten verdeckt und gemischt.

Wie groß ist die Wahrscheinlichkeit, dass beim Aufdecken von drei Karten nacheinander die Buchstabenfolge MUT aufgedeckt wird?

M

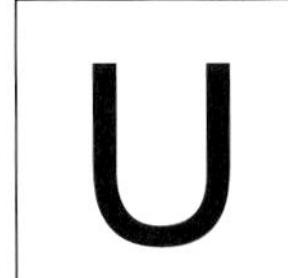

T

T

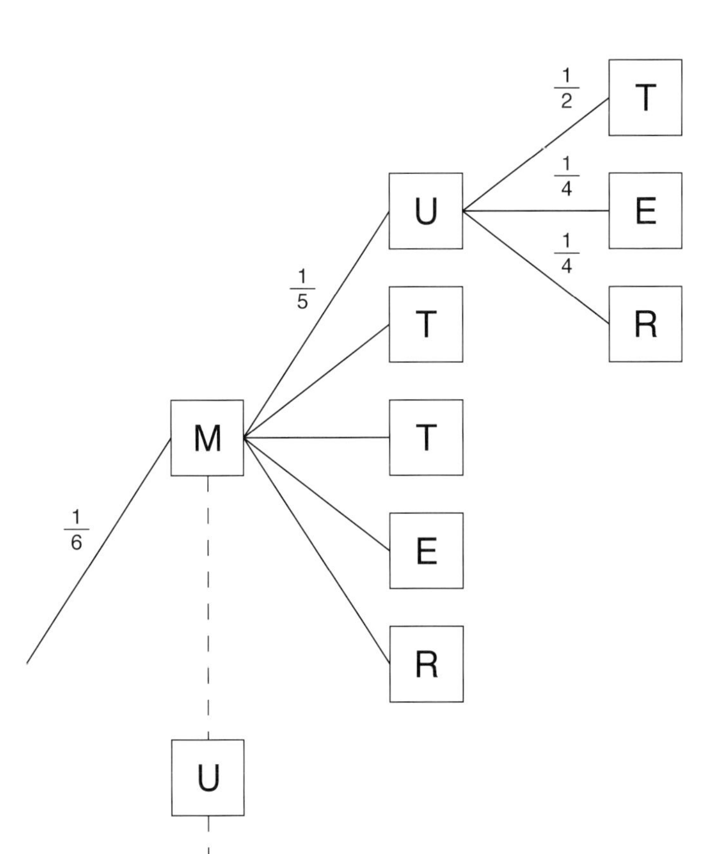

MUT	$\frac{1}{6} \cdot \frac{1}{5} \cdot \frac{1}{2} = \frac{1}{60}$

Das Ziehen der genannten Buchstabenfolge trifft mit einer Wahrscheinlichkeit von

$\frac{1}{60}$ bzw. 1,7 % ein.

Mehrstufige Zufallsversuche – Vermischte Übungen

1 Mit einem (nicht gezinkten) Spielewürfel wird dreimal gewürfelt.
Mit welcher Wahrscheinlichkeit erhält man

a) verschiedene Zahlen

b) dreimal die gleiche Zahl?

2 Aus der Glaskugel werden ohne Zurücklegen zwei Kugeln gezogen.
Wie groß ist die Wahrscheinlichkeit für folgende Ereignisse?

a) erst 3, dann 7

b) keine 8 oder 9

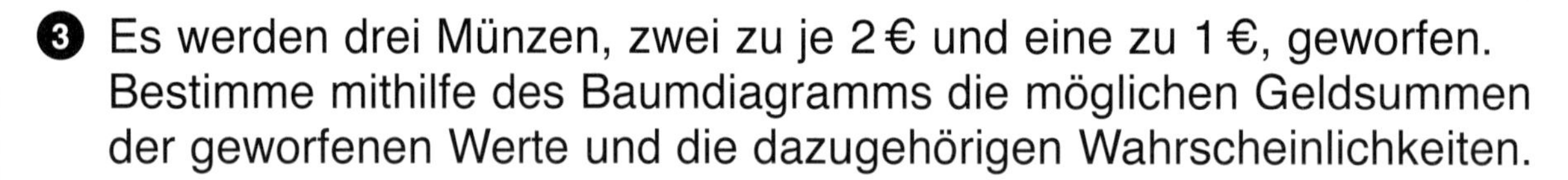

3 Es werden drei Münzen, zwei zu je 2 € und eine zu 1 €, geworfen.
Bestimme mithilfe des Baumdiagramms die möglichen Geldsummen der geworfenen Werte und die dazugehörigen Wahrscheinlichkeiten.

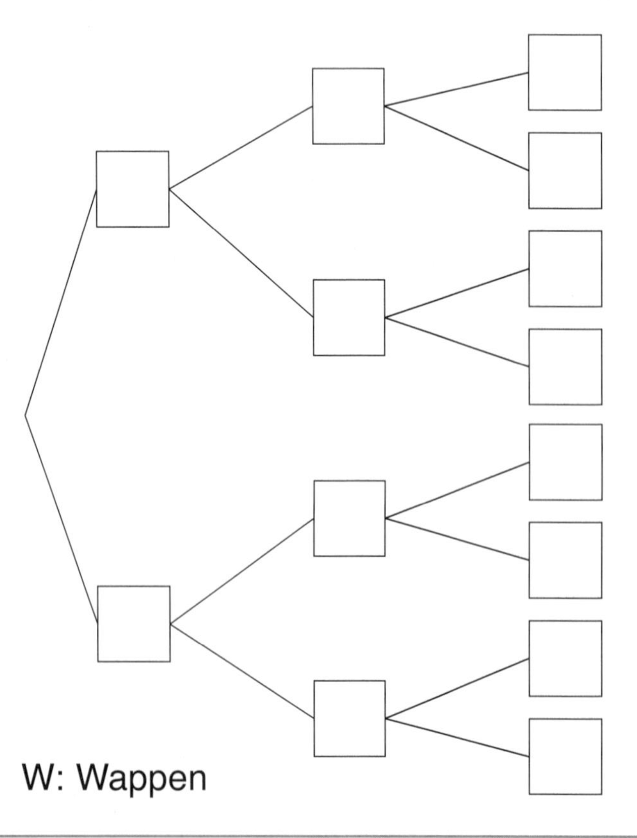

Mehrstufige Zufallsversuche – Vermischte Übungen (Lösung)

1 Mit einem (nicht gezinkten) Spielewürfel wird dreimal gewürfelt.
Mit welcher Wahrscheinlichkeit erhält man

a) verschiedene Zahlen

$\frac{6}{6} \cdot \frac{5}{6} \cdot \frac{4}{6} = \frac{120}{216} \approx 55{,}6\,\%$

b) dreimal die gleiche Zahl?

$\frac{6}{6} \cdot \frac{1}{6} \cdot \frac{1}{6} = \frac{6}{216} \approx 2{,}78\,\%$

2 Aus der Glaskugel werden ohne Zurücklegen zwei Kugeln gezogen.
Wie groß ist die Wahrscheinlichkeit für folgende Ereignisse?

a) erst 3, dann 7

$\frac{1}{10} \cdot \frac{1}{9} = \frac{1}{90} \approx 1{,}1\,\%$

b) keine 8 oder 9

$\frac{8}{10} \cdot \frac{7}{9} = \frac{56}{90} \approx 62{,}2\,\%$

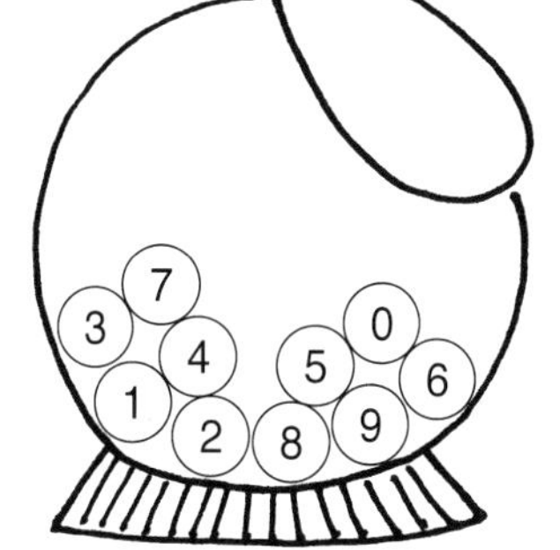

3 Es werden drei Münzen, zwei zu je 2 € und eine zu 1 €, geworfen.
Bestimme mithilfe des Baumdiagramms die möglichen Geldsummen der geworfenen Werte und die dazugehörigen Wahrscheinlichkeiten.

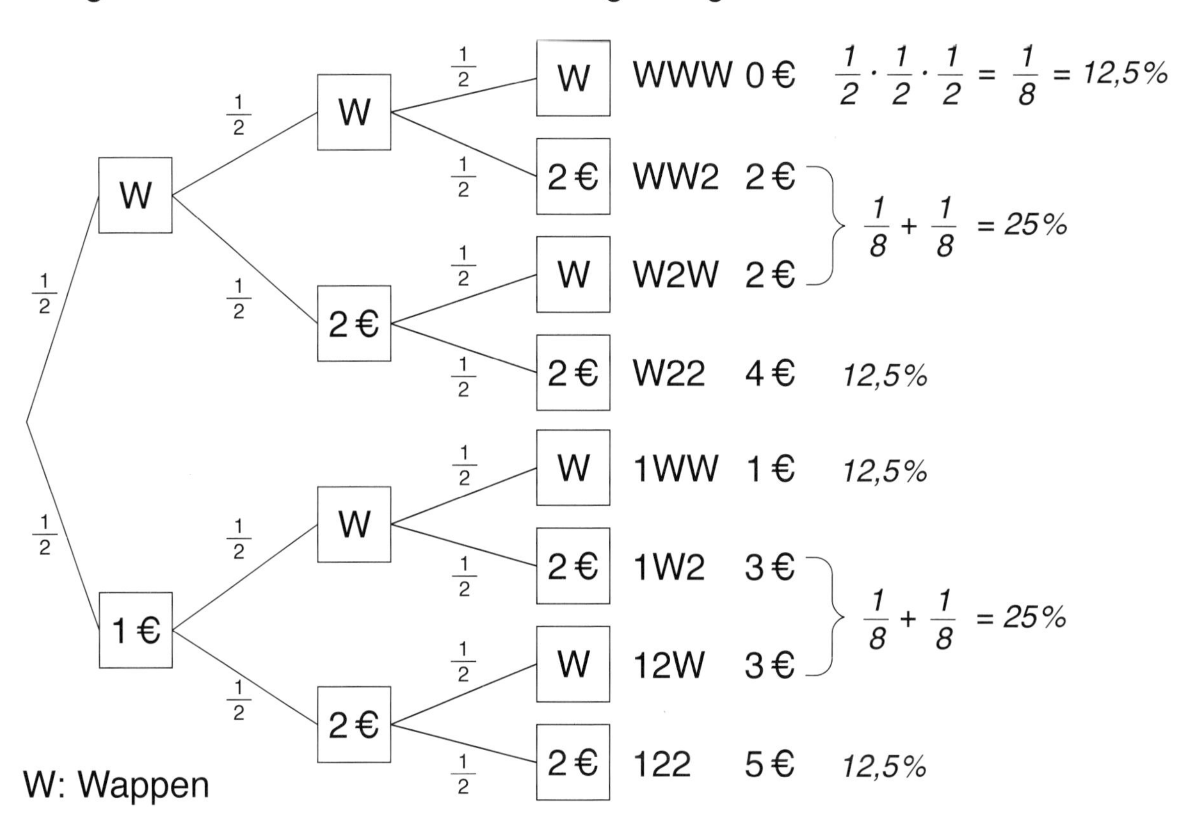

Mehrstufige Zufallsversuche – Vermischte Übungen

❹ Hier siehst du die Netze der selbst gebastelten Würfel von Mandy und Sarah (Augensumme je 27).

Mit welcher Wahrscheinlichkeit würfelt Mandy eine höhere Augenzahl als Sarah? Notiere.

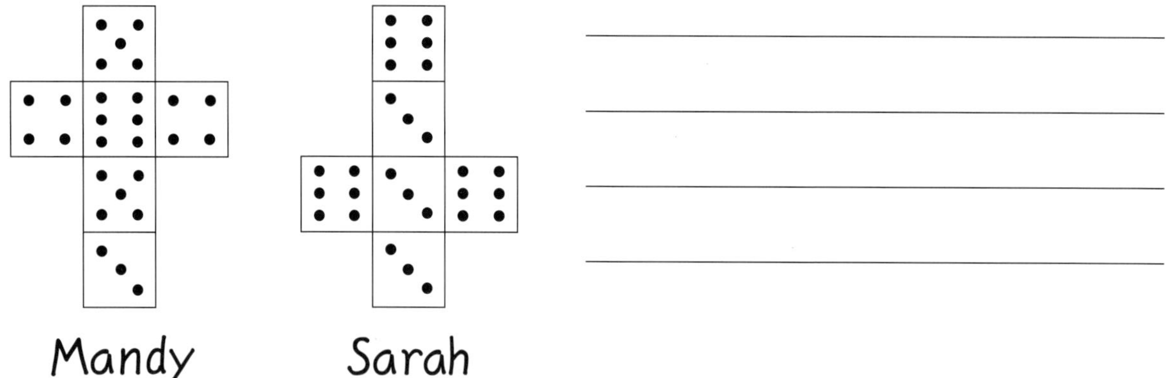

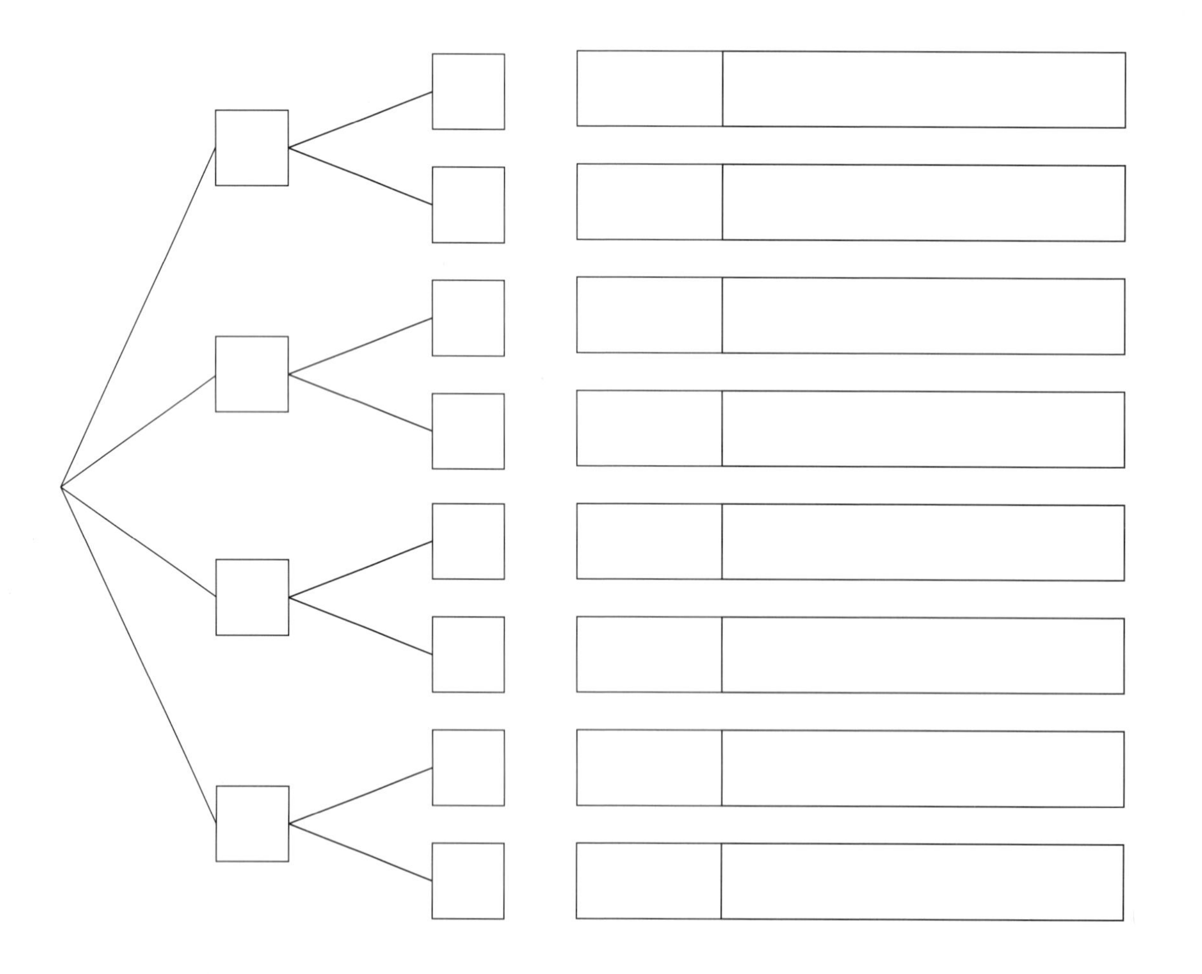

Mehrstufige Zufallsversuche – Vermischte Übungen (Lösung)

4 Hier siehst du die Netze der selbst gebastelten Würfel von Mandy und Sarah (Augensumme je 27).

Mit welcher Wahrscheinlichkeit würfelt Mandy eine höhere Augenzahl als Sarah? Notiere.

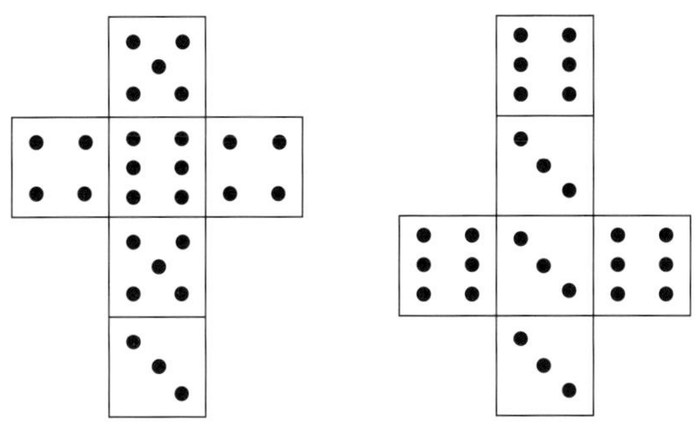

16,7 % + 16,7 % + 8,3 % = 41,7 %

Mit einer Wahrscheinlichkeit von 41,7 % würfelt Mandy eine höhere Augenzahl als Sarah.

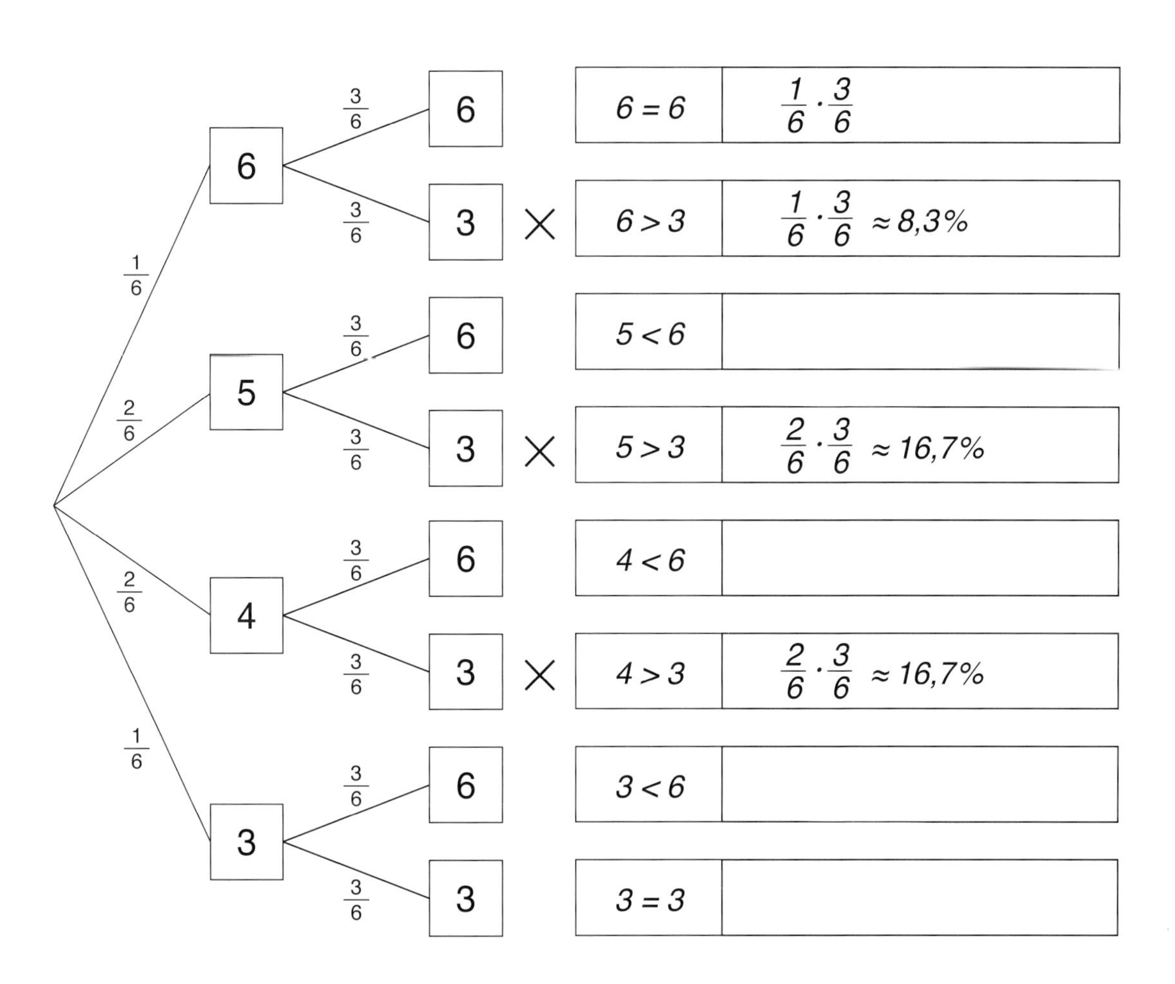

Bist du fit? – Teste dein Wissen!

1 Auf zwei Maschinen werden Kunststoffbecher hergestellt.
Qualitätskontrollen ergaben folgende Werte:

1. Maschine: 11 von 630 Bechern waren nicht zufriedenstellend.
2. Maschine: 14 von 710 Bechern wiesen Mängel auf.

Welche Maschine produzierte mit höherer Qualität?

Rechnung:

Anwort: ______________________________

2 Beschreibe einen Zufallsversuch, bei dem man eine 70-prozentige Gewinnchance hat.

____

____

____

3 Alexander wirft drei Münzen.
Berechne für folgende Ereignisse die Wahrscheinlichkeiten:

a) Es fällt dreimal Wappen.

____

b) Erste und dritte Münze zeigen die gleiche Seite, die mittlere eine andere.

______________________________ ______________________________

____

Bist du fit? – Teste dein Wissen! (Lösung)

1 Auf zwei Maschinen werden Kunststoffbecher hergestellt. Qualitätskontrollen ergaben folgende Werte:

1. Maschine: 11 von 630 Bechern waren nicht zufriedenstellend.
2. Maschine: 14 von 710 Bechern wiesen Mängel auf.

Welche Maschine produzierte mit höherer Qualität?

Rechnung: 1. Ma: $\frac{11}{630} \approx 1{,}75\,\%$ 2. Ma: $\frac{14}{710} \approx 1{,}97\,\%$

Anwort: *Maschine 1 produzierte mit besserer Qualität.*

2 Beschreibe einen Zufallsversuch, bei dem man eine 70-prozentige Gewinnchance hat.

In einem Behälter befinden sich zehn Kugeln.

Sieben Kugeln sind blau und drei rot.

Gewonnen hat, wer eine blaue Kugel zieht.

3 Alexander wirft drei Münzen.
Berechne für folgende Ereignisse die Wahrscheinlichkeiten:

a) Es fällt dreimal Wappen.

$\frac{1}{2} \cdot \frac{1}{2} \cdot \frac{1}{2} = \frac{1}{8} = 12{,}5\,\%$

b) Erste und dritte Münze zeigen die gleiche Seite, die mittlere eine andere.

WZW: $\frac{1}{8}$

ZWZ: $\frac{1}{8}$

$\frac{1}{8} + \frac{1}{8} = \frac{1}{4} = 25\,\%$

Bist du fit? – Teste dein Wissen!

4 Bestimme die Wahrscheinlichkeit beim Werfen von drei Reißzwecken für folgende Ereignisse:

a) genau einmal Kopflage ______________________

b) mindestens zweimal Kopflage ______________________

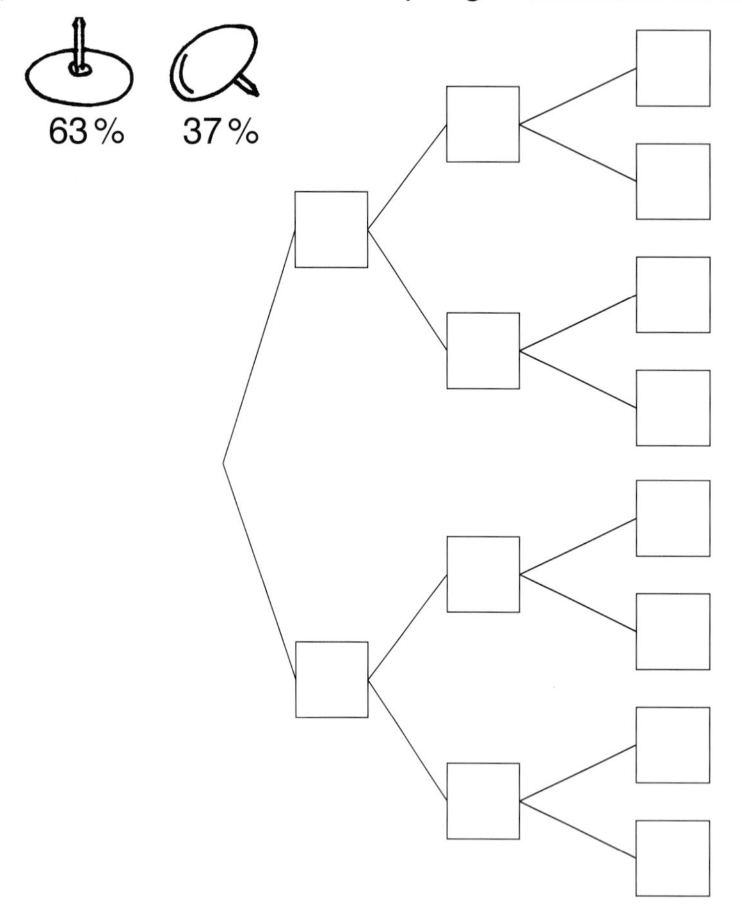

5 In einer Schublade sind fünf Wertmarken, zwei zu 2 €, zwei zu 1 € und eine zu 0,50 €. Im Dunkeln werden zufällig zwei gegriffen.
Berechne die Wahrscheinlichkeiten und die möglichen Summen der zwei Wertmarken.

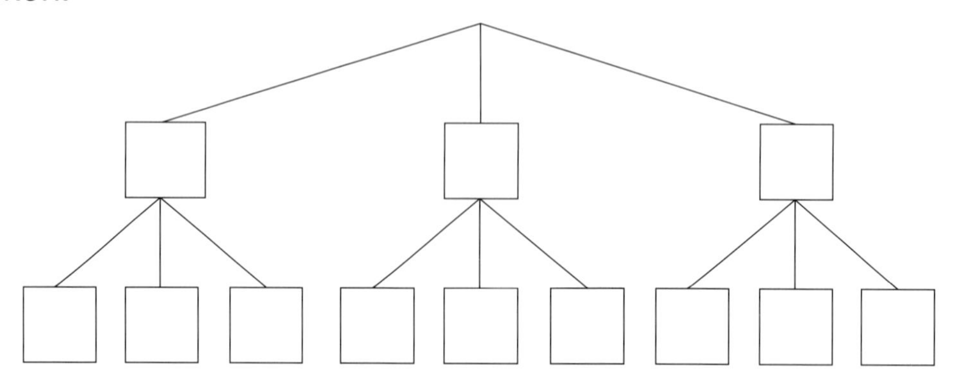

Bist du fit? – Teste dein Wissen! (Lösung)

4 Bestimme die Wahrscheinlichkeit beim Werfen von drei Reißzwecken für folgende Ereignisse:

a) genau einmal Kopflage *3 · 8,6 = 25,8 %*

b) mindestens zweimal Kopflage *3 · 14,7 % + 25 % = 69,1 %*

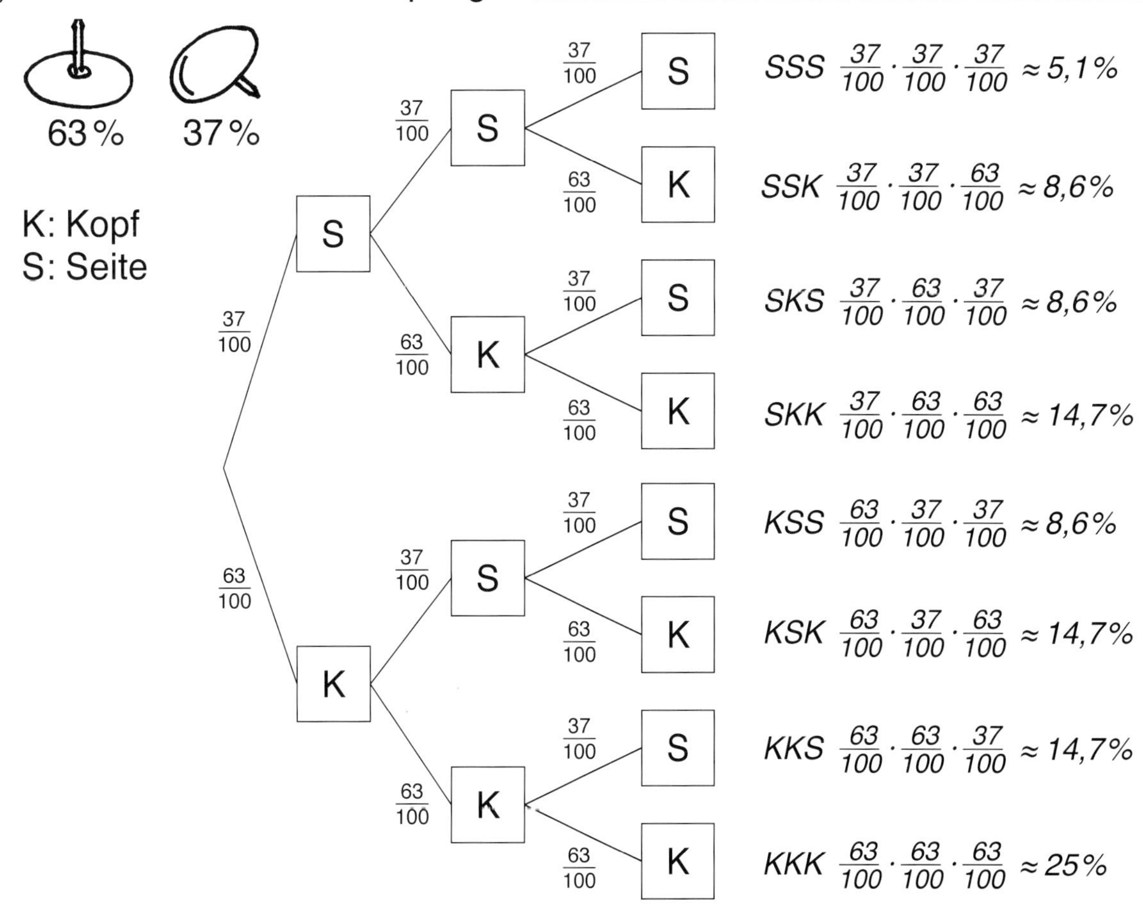

5 In einer Schublade sind fünf Wertmarken, zwei zu 2 €, zwei zu 1 € und eine zu 0,50 €. Im Dunkeln werden zufällig zwei gegriffen. Berechne die Wahrscheinlichkeiten und die möglichen Summen der zwei Wertmarken.

1 €: 0
1,5 €: 20 %
2 €: 10 %
2,5 €: 20 %
3 €: 40 %
4 €: 10 %

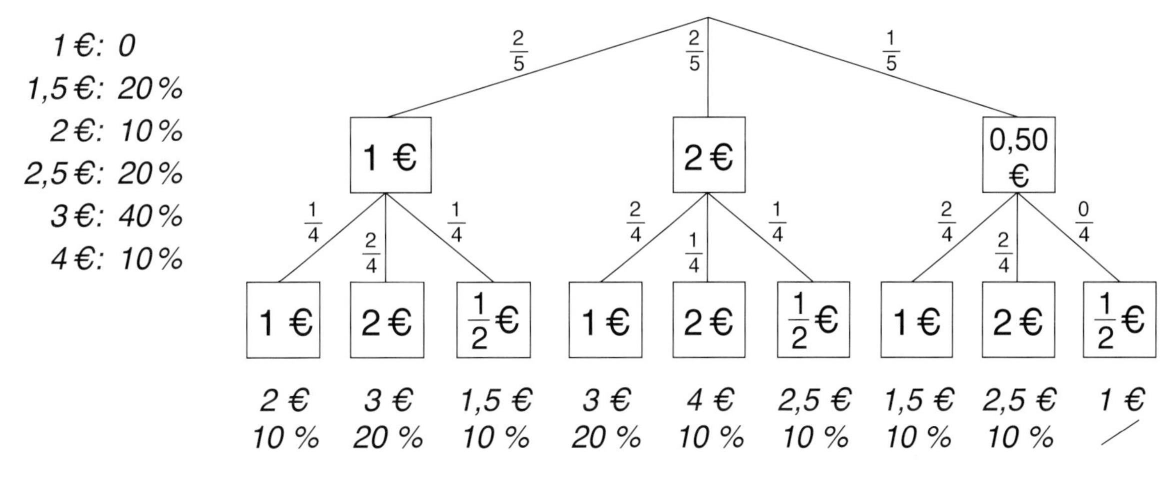

Rangliste und markante Daten

In der Tabelle siehst du die Weitsprungergebnisse der Jungen von zwei siebten Klassen.

3,47 m	3,67 m	3,56 m	2,92 m	3,40 m	3,40 m
2,98 m	4,03 m	3,12 m	3,90 m	3,76 m	4,05 m
3,10 m	3,55 m	4,00 m	3,35 m	4,10 m	3,65 m
3,20 m	2,98 m	3,75 m	3,75 m	3,85 m	2,99 m

Stelle zu diesen Messwerten eine Rangliste auf.

Rangplatz	1	2	3	4	5	6	7	8	9	10	11	12
Weite in m												

Rangplatz	13	14	15	16	17	18	19	20	21	22	23	24
Weite in m												

Löse folgende Aufgaben:

1. Zum Rangplatz 13 gehört der Wert __________.
2. Zum Rangplatz 20 gehört der Wert __________.
3. Die größte gesprungene Weite beträgt ________.

4. Die kürzeste Weite beträgt ________.
5. Die Spannweite beträgt ____________________.

Vervollständige den folgenden Satz:
Die Hälfte der Jungen sind mindestens 2,92 m

und höchstens ________ weit gesprungen.

Stimmt die folgende Aussage? Begründe.
25 % der Jungen sind weiter als 3,75 m gesprungen.

____

____

Merke: Eine Rangliste ist ______________________________

____

Rangliste und markante Daten (Lösung)

In der Tabelle siehst du die Weitsprungergebnisse der Jungen von zwei siebten Klassen.

3,47 m	3,67 m	3,56 m	2,92 m	3,40 m	3,40 m
2,98 m	4,03 m	3,12 m	3,90 m	3,76 m	4,05 m
3,10 m	3,55 m	4,00 m	3,35 m	4,10 m	3,65 m
3,20 m	2,98 m	3,75 m	3,75 m	3,85 m	2,99 m

Stelle zu diesen Messwerten eine Rangliste auf.

Rangplatz	1	2	3	4	5	6	7	8	9	10	11	12
Weite in m	*2,92*	*2,98*	*2,98*	*2,99*	*3,10*	*3,12*	*3,20*	*3,35*	*3,40*	*3,40*	*3,47*	*3,55*

Rangplatz	13	14	15	16	17	18	19	20	21	22	23	24
Weite in m	*3,56*	*3,65*	*3,67*	*3,75*	*3,75*	*3,76*	*3,85*	*3,90*	*4,00*	*4,03*	*4,05*	*4,10*

Löse folgende Aufgaben:

1. Zum Rangplatz 13 gehört der Wert *3,56 m*.
2. Zum Rangplatz 20 gehört der Wert *3,90 m.*.
3. Die größte gesprungene Weite beträgt *4,10 m*.
4. Die kürzeste Weite beträgt *2,92 m*.
5. Die Spannweite beträgt *4,10 m – 2,92 m = 1,18 m*.

Vervollständige den folgenden Satz:
Die Hälfte der Jungen sind mindestens 2,92 m

und höchstens *3,55 m* weit gesprungen.

Stimmt die folgende Aussage? Begründe.
25 % der Jungen sind weiter als 3,75 m gesprungen.

Nein: Sieben Jungen sind weiter gesprungen (Plätze 18 bis 24),

das sind etwas mehr als 29 %.

Merke: Eine Rangliste ist *eine Liste, in der **alle Daten** einer Datensammlung der Größe nach geordnet aufgelistet sind (beginnend mit dem kleinsten Wert).*

Einen Boxplot erstellen – Step by step (Anzahl der Werte gerade)

Ein Boxplot gibt Auskunft über die Lage und die Streuung von Daten. Gegeben ist folgende Datenreihe: 5, 6, 7, 8, 5, 5, 8, 8, 9, 10, 6, 7, 7, 9, 8, 10.

Step 1: Erstelle zur Datenreihe eine Rangliste. Es sollen also alle Daten der Größe nach geordnet aufgeschrieben werden.

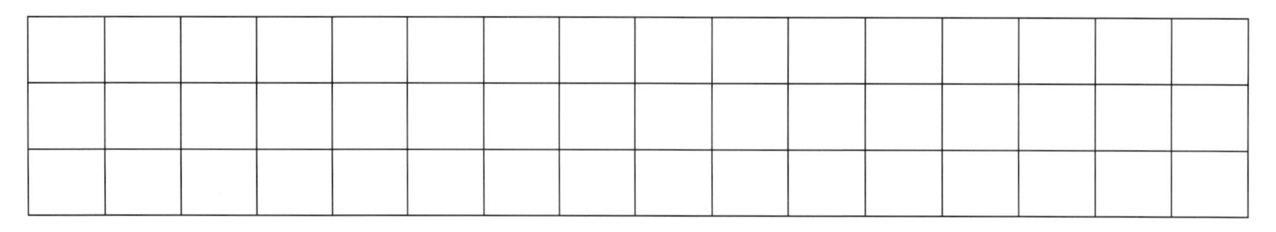

Step 2: Bestimme das Maximum (den größten Wert) und das Minimum (den kleinsten Wert).

Maximum: ____ Minimum: ____

Step 3: Bestimme den Median (Zentralwert – der Wert, der in der Rangliste das arithmetische Mittel der beiden mittleren Werte bildet).

Zentralwert: ______________

Step 4: Bestimme das untere und das obere Quartil. Hierzu werden jeweils die links bzw. rechts vom Zentralwert liegenden Werte betrachtet. Von diesen wird wieder der Median bestimmt: Das untere Quartil ist der Median zwischen Minimum und Maximum des linken Abschnittes, das obere Quartil ist der Median zwischen Minimum und Maximum des rechten Abschnittes.

oberes Quartil: ____ unteres Quartil: ____

Step 5: Zeichne den Boxplot wie folgt:
1. Maßstab festlegen; 2. Werteachse zeichnen; 3. Die fünf Modalwerte markieren; 4. Box einzeichnen. (Die Box ist der Bereich zwischen oberem und unterem Quartil.)

Wie viel Prozent der Werte liegen in der Box?

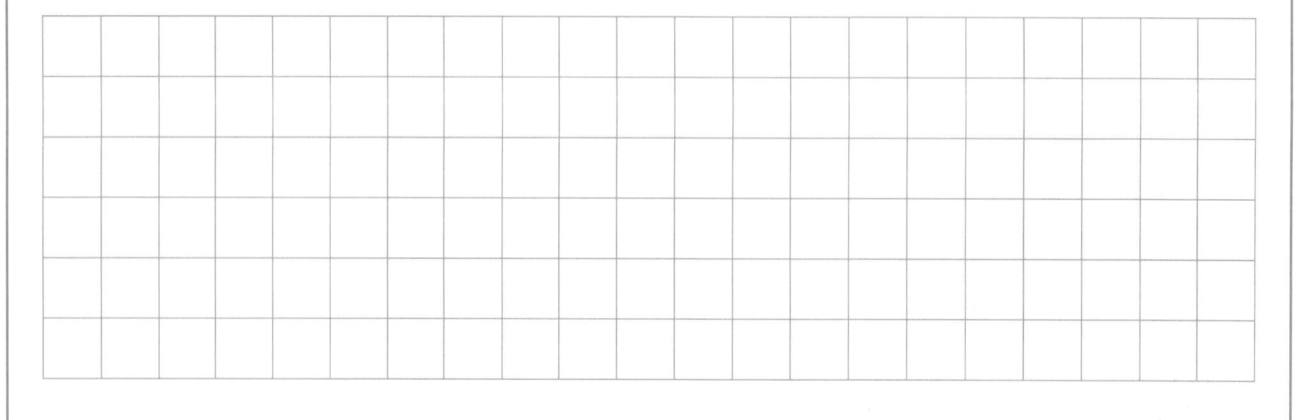

____

Einen Boxplot erstellen – Step by step (Anzahl der Werte gerade) (Lösung)

Ein Boxplot gibt Auskunft über die Lage und die Streuung von Daten.
Gegeben ist folgende Datenreihe: 5, 6, 7, 8, 5, 5, 8, 8, 9, 10, 6, 7, 7, 9, 8, 10.

Step 1: Erstelle zur Datenreihe eine Rangliste. Es sollen also alle Daten der Größe nach geordnet aufgeschrieben werden.

1	*2*	*3*	*4*	*5*	*6*	*7*	*8*	*9*	*10*	*11*	*12*	*13*	*14*	*15*	*16*
5	*5*	*5*	*6*	*6*	*7*	*7*	*7*	*8*	*8*	*8*	*8*	*9*	*9*	*10*	*10*
unteres Quartil							*7,5*		*oberes Quartil*						

Step 2: Bestimme das Maximum (den größten Wert) und das Minimum (den kleinsten Wert).

Maximum: *10* Minimum: *5*

Step 3: Bestimme den Median (Zentralwert – der Wert, der in der Rangliste das arithmetische Mittel der beiden mittleren Werte bildet).

Zentralwert: *(7 + 8) : 2 = 7,5*

Step 4: Bestimme das untere und das obere Quartil. Hierzu werden jeweils die links bzw. rechts vom Zentralwert liegenden Werte betrachtet. Von diesen wird wieder der Median bestimmt: Das untere Quartil ist der Median zwischen Minimum und Maximum des linken Abschnittes, das obere Quartil ist der Median zwischen Minimum und Maximum des rechten Abschnittes.

oberes Quartil: *8,5* unteres Quartil: *6*

Step 5: Zeichne den Boxplot wie folgt:
1. Maßstab festlegen; 2. Werteachse zeichnen; 3. Die fünf Modalwerte markieren; 4. Box einzeichnen. (Die Box ist der Bereich zwischen oberem und unterem Quartil.)

Wie viel Prozent der Werte liegen in der Box?

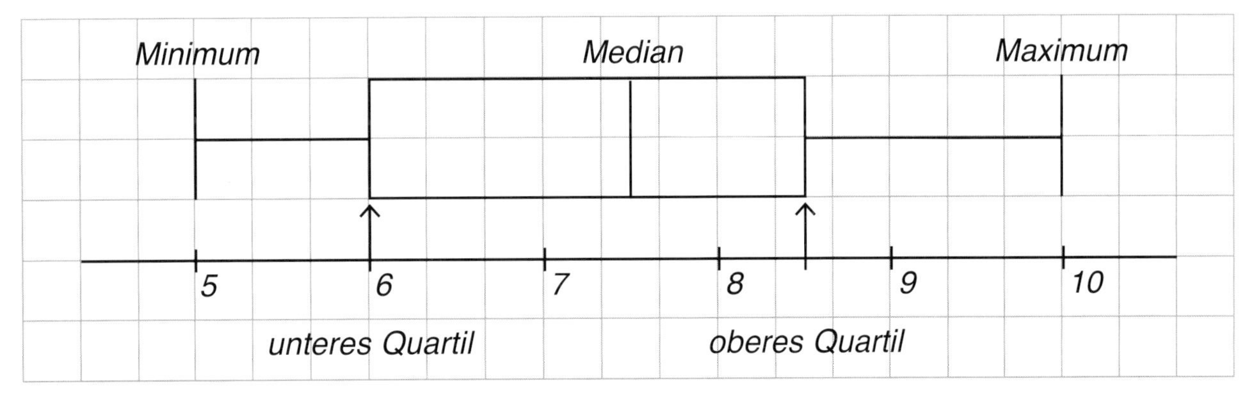

In der Box liegen immer 50 % der Werte.

Einen Boxplot erstellen – Step by step (Anzahl der Werte ungerade)

Ein Boxplot gibt Auskunft über die Lage und die Streuung von Daten. Gegeben ist folgende Datenreihe: 5, 6, 7, 8, 5, 5, 8, 8, 9, 10, 6, 7, 7, 9, 8.

Step 1: Erstelle zur Datenreihe eine Rangliste. Es sollen also alle Daten der Größe nach geordnet aufgeschrieben werden.

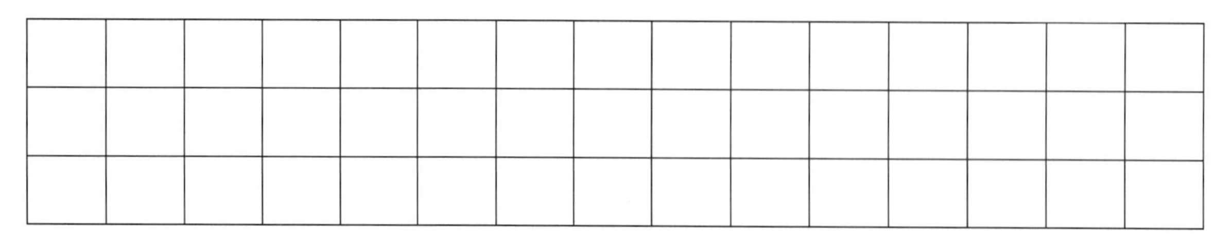

Step 2: Bestimme das Maximum (den größten Wert) und das Minimum (den kleinsten Wert)

Maximum: ____ Minimum: ____

Step 3: Bestimme den Median (Zentralwert – der Wert der in der Rangliste genau auf der mittleren Position steht)

Zentralwert: ____

Step 4: Bestimme das untere und das obere Quartil. Hierzu werden jeweils die links bzw. rechts vom Zentralwert liegenden Werte betrachtet. Von diesen wird wieder der Median bestimmt: Das untere Quartil ist der Median zwischen Minimum und Maximum des linken Abschnittes, das obere Quartil ist der Median zwischen Minimum und Maximum des rechten Abschnittes.

oberes Quartil: ____ unteres Quartil: ____

Step 5: Zeichne den Boxplot wie folgt: 1. Maßstab festlegen; 2. Werteachse zeichnen; 3. Die fünf Modalwerte markieren; 4. Box einzeichnen. (Die Box ist der Bereich zwischen oberem und unterem Quartil.)

Einen Boxplot erstellen – Step by step (Anzahl der Werte ungerade) (Lösung)

Ein Boxplot gibt Auskunft über die Lage und die Streuung von Daten. Gegeben ist folgende Datenreihe: 5, 6, 7, 8, 5, 5, 8, 8, 9, 10, 6, 7, 7, 9, 8.

Step 1: Erstelle zur Datenreihe eine Rangliste. Es sollen also alle Daten der Größe nach geordnet aufgeschrieben werden.

1	*2*	*3*	*4*	*5*	*6*	*7*	*8*	*9*	*10*	*11*	*12*	*13*	*14*	*15*
5	*5*	*5*	*6*	*6*	*7*	*7*	*7*	*8*	*8*	*8*	*8*	*9*	*9*	*10*
			unteres Quartil								*oberes Quartil*			

Step 2: Bestimme das Maximum (den größten Wert) und das Minimum (den kleinsten Wert)

Maximum: *10* Minimum: *5*

Step 3: Bestimme den Median (Zentralwert – der Wert der in der Rangliste genau auf der mittleren Position steht)

Zentralwert: *7*

Step 4: Bestimme das untere und das obere Quartil. Hierzu werden jeweils die links bzw. rechts vom Zentralwert liegenden Werte betrachtet. Von diesen wird wieder der Median bestimmt: Das untere Quartil ist der Median zwischen Minimum und Maximum des linken Abschnittes, das obere Quartil ist der Median zwischen Minimum und Maximum des rechten Abschnittes.

oberes Quartil: *8* unteres Quartil: *6*

Step 5: Zeichne den Boxplot wie folgt: 1. Maßstab festlegen; 2. Werteachse zeichnen; 3. Die fünf Modalwerte markieren; 4. Box einzeichnen. (Die Box ist der Bereich zwischen oberem und unterem Quartil.)

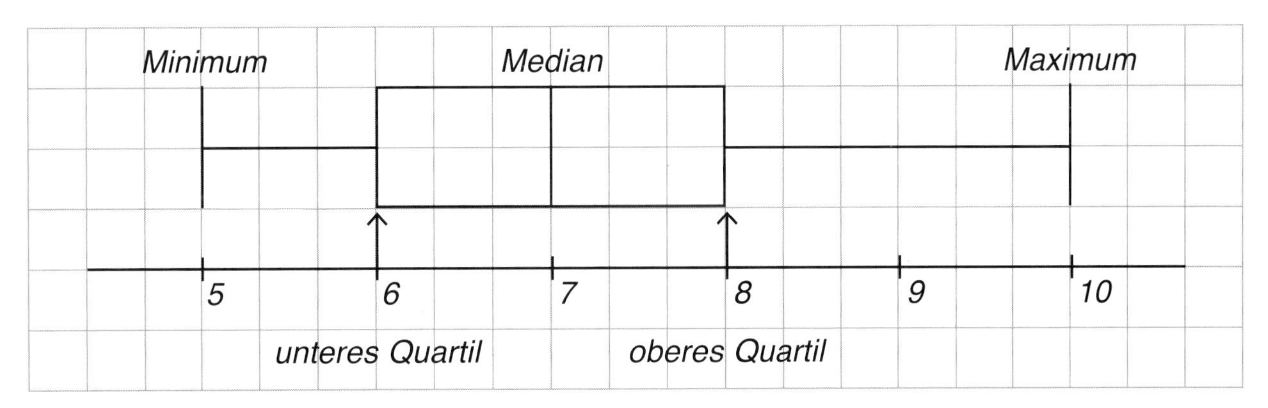

Boxplot Übung I – Im Praktikum

Sophia und Christoph machen ein Praktikum in einer Gärtnerei mit Hofladen. Heute besteht eine ihrer Aufgaben darin, getrocknete Kräuter in Tüten abzufüllen. Pro Tüte sollen jeweils 50 g der Kräutermischung abgefüllt werden. Nach dem Befüllen werden die Tüten gewogen. Hier die Ergebnisse (in g):

Sophia: 52, 52, 53, 53, 53, 53, 54, 54, 54, 55, 55, 55, 56, 56, 57, 57, 57, 58, 60, 60

Christoph: 49, 49, 49, 50, 50, 50, 50, 54, 54, 54, 54, 56, 56, 56, 56, 57, 57, 59, 59, 60

❶ Bestimme für Sophia und Christoph jeweils das arithmetische Mittel der Werte.

____

❷ Fertige für beide einen passenden Boxplot an.

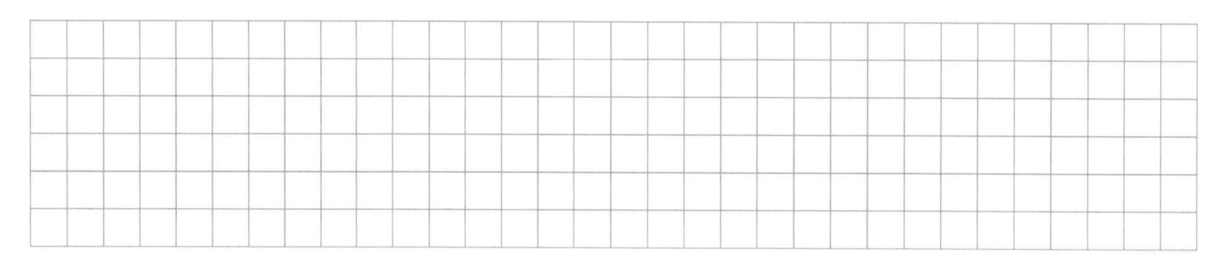

❸ Hier siehst du den Boxplot eines früheren Praktikanten.

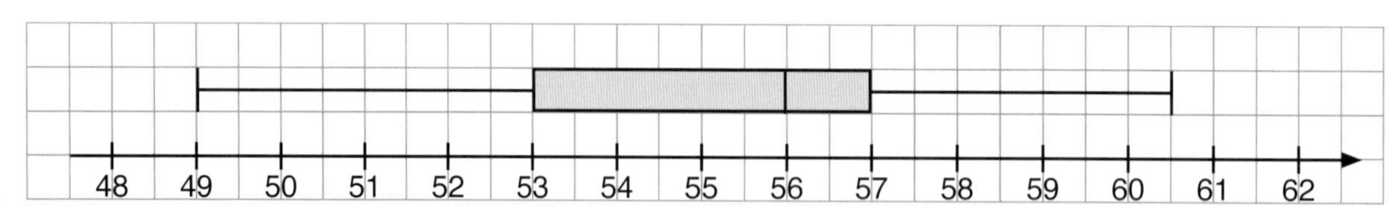

Bestimme die fünf Kennwerte (Maximum, Minimum, Median, oberes und unteres Quartil) von diesem Boxplot. Trage sie in die Zeichnung ein.

____

____

❹ Bestimme die Spannweite der drei Boxplots.

____

____

____

Boxplot Übung I – Im Praktikum (Lösung)

Sophia und Christoph machen ein Praktikum in einer Gärtnerei mit Hofladen. Heute besteht eine ihrer Aufgaben darin, getrocknete Kräuter in Tüten abzufüllen. Pro Tüte sollen jeweils 50 g der Kräutermischung abgefüllt werden. Nach dem Befüllen werden die Tüten gewogen. Hier die Ergebnisse (in g):

Sophia: 52, 52, 53, 53, 53, 53, 54, 54, 54, 55, 55, 55, 56, 56, 57, 57, 57, 58, 60, 60 *Median: 55*

Christoph: 49, 49, 49, 50, 50, 50, 50, 54, 54, 54, 54, 56, 56, 56, 56, 57, 57, 59, 59, 60 *Median: 54*

1 Bestimme für Sophia und Christoph jeweils das arithmetische Mittel der Werte.

Sophia: 55,2 g Christoph: 53,95 g

2 Fertige für beide einen passenden Boxplot an.

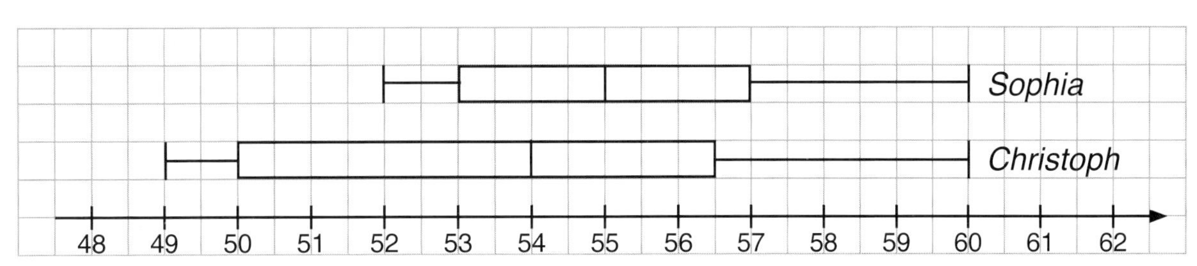

3 Hier siehst du den Boxplot eines früheren Praktikanten.

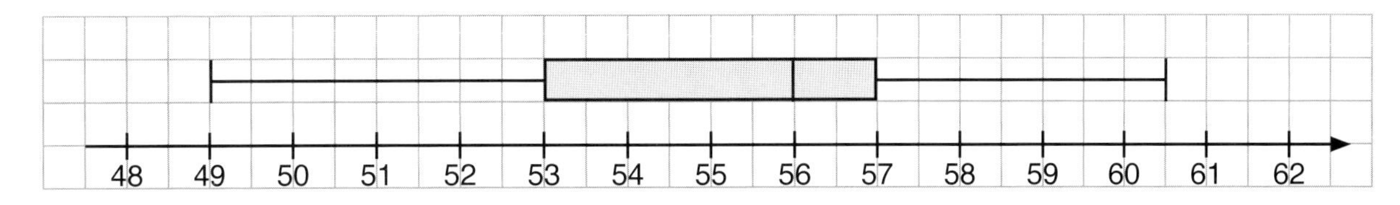

Bestimme die fünf Kennwerte (Maximum, Minimum, Median, oberes und unteres Quartil) von diesem Boxplot. Trage sie in die Zeichnung ein.

Minimum: 49 g, Maximum: 60,5 g, Median: 56 g,

unteres Quartil: 53 g, oberes Quartil: 57 g

4 Bestimme die Spannweite der drei Boxplots.

Sophia: 60 g – 52 g = 8 g

Christoph: 60 g – 49 g = 11 g

Praktikant: 61 g – 49 g = 12 g

Boxplot Übung II – Im Tierreich

❶ In der Liste siehst du die Fluggeschwindigkeiten einiger Tiere in Kilometern pro Stunde.

Tier	km/h	Tier	km/h
Biene	29	Stachelschwanzsegler	335
Eisvogel	58	Stockente	104
Falke	79	Brieftaube	80
Fledermaus	50	Stubenfliege	8
Maikäfer	11	Mäusebussard	45
Schwan	50		

a) Bestimme das Minimum, das Maximum und den Median.
b) Bestimme das obere und untere Quartil.
c) Zeichne den passenden Boxplot dazu.

❷ In der Liste ist das Gewicht einiger ausgewählter Tiere aufgeführt. Zeichne dazu einen passenden Boxplot.

Tier	kg	Tier	kg
Eisbär	900	Goliathkäfer	110
Strauß	156	Goliathfrosch	3
Wasserschwein	91	Lederschildkröte	916
Kaiserpinguin	45	Große Anakonda	98
Andenkondor	15	Schwerster Hummer	20

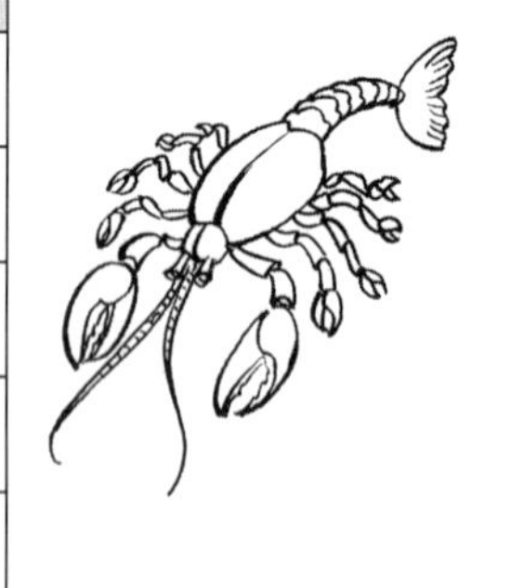

Boxplot Übung II – Im Tierreich

3 Im Boxplot ist die Geschwindigkeitsverteilung von 11 an Land lebenden Tieren dargestellt (in km/h).

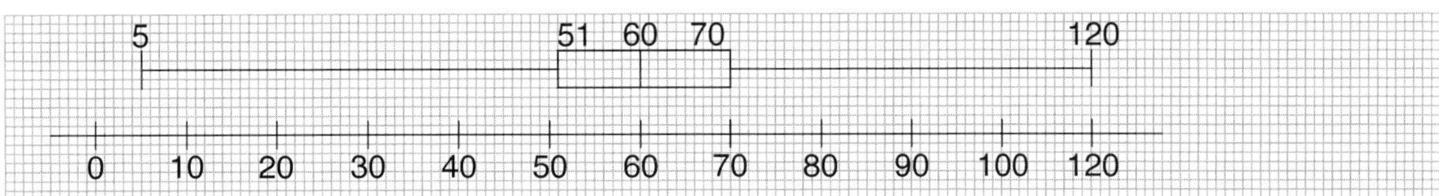

Folgende Tiere wurden ausgewählt: Antilope, Bison, Eisbär, Gazelle, Gepard, Giraffe, Hase, Kamel, Maulwurf, Wildpferd, Wolf.

a) Das schnellste dieser Tiere ist der Gepard. Wie schnell ist er?

____

b) Das langsamste dieser Tiere ist der Maulwurf. Wie schnell ist er?

____

c) Wie schnell könnte das Tier sein, welches an sechster Stelle in der Rangliste steht? Begründe deine Entscheidung.

____

____

d) Ist das achte Tier der Liste schneller als 70 Kilometer pro Stunde? Begründe.

____

____

____

____

____

Boxplot Übung II – Im Tierreich (Lösung)

1 In der Liste siehst du die Fluggeschwindigkeiten einiger Tiere in Kilometern pro Stunde.

Tier	km/h	Tier	km/h
Biene	29	Stachelschwanzsegler	335
Eisvogel	58	Stockente	104
Falke	79	Brieftaube	80
Fledermaus	50	Stubenfliege	8
Maikäfer	11	Mäusebussard	45
Schwan	50		

a) Bestimme das Minimum, das Maximum und den Median.
b) Bestimme das obere und untere Quartil.
c) Zeichne den passenden Boxplot dazu.

8, 11, 29, 45, 50, 50, 58, 79, 80, 104, 335

0 50 100 150 200 250 300 350

2 In der Liste ist das Gewicht einiger ausgewählter Tiere aufgeführt. Zeichne dazu einen passenden Boxplot.

Tier	kg	Tier	kg
Eisbär	900	Goliathkäfer	110
Strauß	156	Goliathfrosch	3
Wasserschwein	91	Lederschildkröte	916
Kaiserpinguin	45	Große Anakonda	98
Andenkondor	15	Schwerster Hummer	20

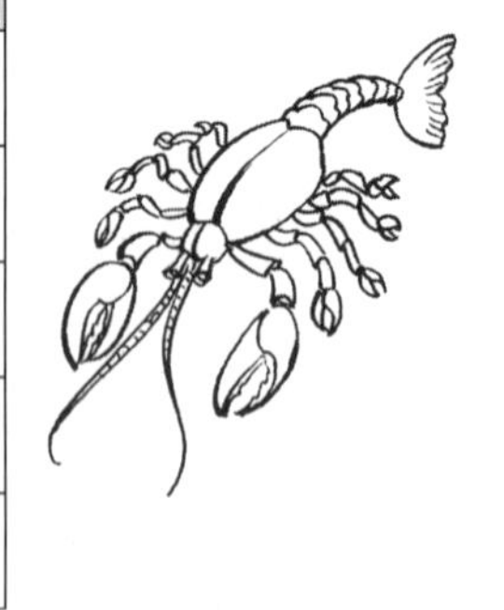

3, 15, 20, 45, 91, 98, 110, 156, 900, 916

Median: 95

0 100 200 300 400 500 600 700 800 900

Boxplot Übung II – Im Tierreich (Lösung)

3 Im Boxplot ist die Geschwindigkeitsverteilung von elf an Land lebenden Tieren dargestellt (in km/h).

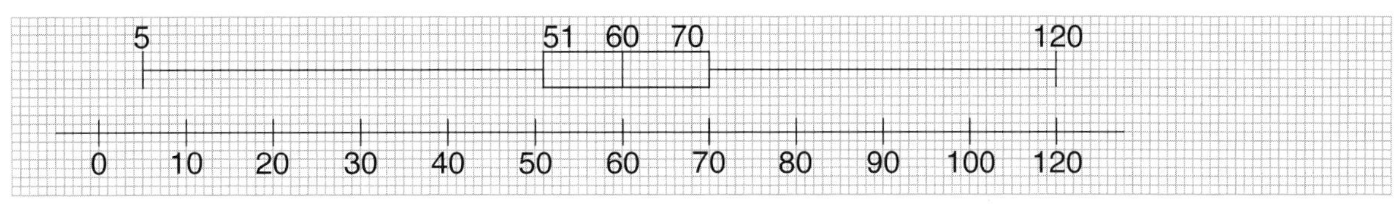

Folgende Tiere wurden ausgewählt: Antilope, Bison, Eisbär, Gazelle, Gepard, Giraffe, Hase, Kamel, Maulwurf, Wildpferd, Wolf.

a) Das schnellste dieser Tiere ist der Gepard. Wie schnell ist er?

120 km/h

b) Das langsamste dieser Tiere ist der Maulwurf. Wie schnell ist er?

5 km/h

c) Wie schnell könnte das Tier sein, welches an sechster Stelle in der Rangliste steht? Begründe deine Entscheidung.

60 km/h

Bei elf Tieren entspricht das dem Median.

d) Ist das achte Tier der Liste schneller als 70 Kilometer pro Stunde? Begründe.

Das obere Quartil entspricht 70 – als achter Wert der Reihe (Antilope mit 70 km/h).

Der neunte Wert ist größer als 70 (Gazelle mit 75 km/h).

(Antilope: 70 km/h, Bison: 55 km/h, Eisbär: 65 km/h, Gazelle: 75 km/h,

Gepard: 120 km/h, Giraffe: 51 km/h, Hase: 65 km/h, Kamel: 15 km/h,

Maulwurf: 5 km/h, Wolf: 60 km/h, Wildpferd: 60 km/h)

Boxplot – Vermischte Übungen

1 a) Beschrifte den abgebildeten Boxplot mit den fünf Fachbegriffen (Kennwerte).

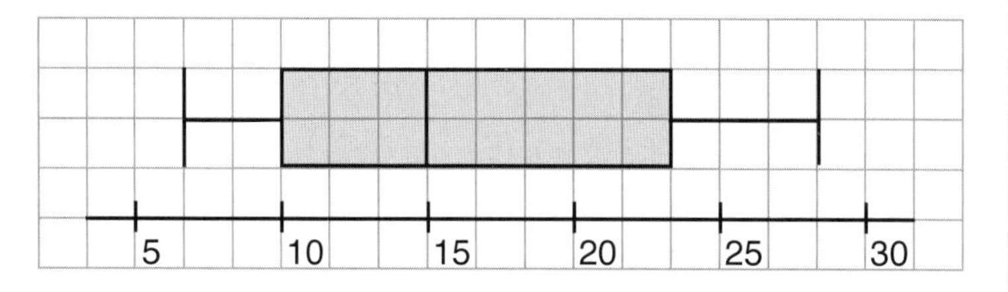

b) Bestimme zum dargestellten Boxplot die fünf Kennwerte.

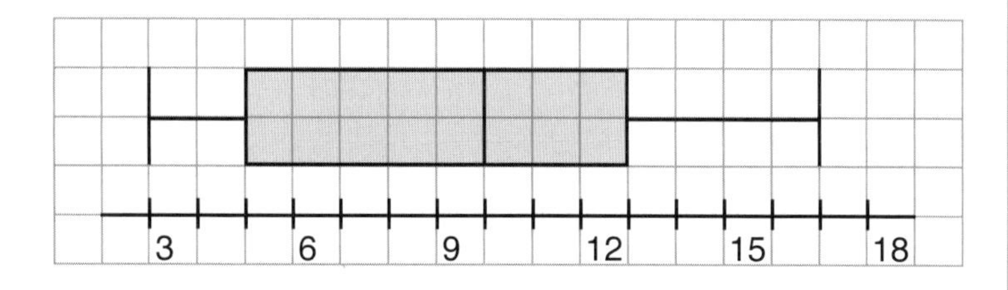

Maximum: ______

Minimum: ______

Median: ______ oberes Quartil: ______ unteres Quartil: ______

c) Zeichne zu den angegebenen Werten den passenden Boxplot.

Minimum 2, Maximum 20, Median 11,
unteres Quartil 8, oberes Quartil 15.

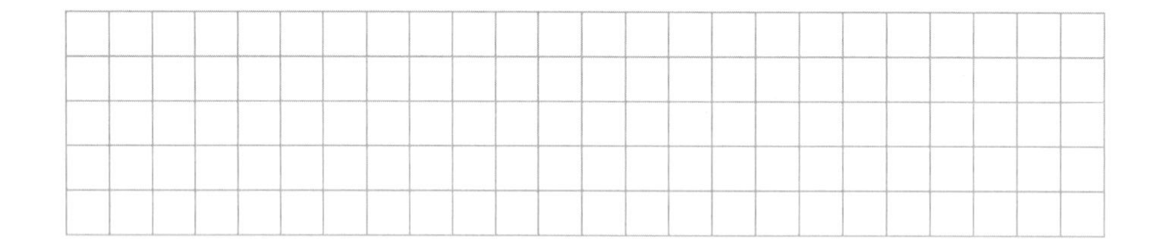

2 Gib zu folgendem Boxplot eine mögliche Liste von 10 Zahlen an.

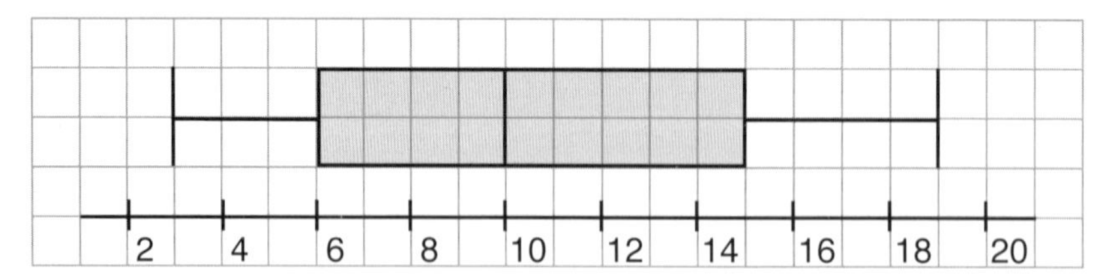

Silke Schöps: Ganz einfache 10-Minuten-Übungen Stochastik

Boxplot – Vermischte Übungen

3 David und Florian haben in den Sommerferien jeweils mit ihren Familien eine Radtour gemacht. Die zurückgelegten Entfernungen haben sie in einer Tabelle notiert.

	David	Florian
Sonntag	12 km	10 km
Montag	28 km	19 km
Dienstag	8 km	15 km
Mittwoch	24 km	21 km
Donnerstag	35 km	17 km
Freitag	11 km	0 km
Samstag	16 km	18 km

a) Gib für Davids Datenreihe jeweils die folgenden Werte an:

Minimum: ______, Maximum: ______, Spannweite: ______,

Median: ______ und arithmetisches Mittel: _______.

____

b) Bestimme von der gesamten Datenmenge die folgenden Werte:

Minimum: ______, Maximum: ______, Spannweite: ______,

Median: _______ und arithmetisches Mittel: _______.

____

c) Was ist hier aussagekräftiger – das arithmetische Mittel oder der Median? Begründe deine Meinung.

____

____

____

4 Die 14 Jungen der Fußball-AG wurden zu ihrer Taschengeldhöhe befragt. Die Umfrageergebnisse sind im Boxplot dargestellt.

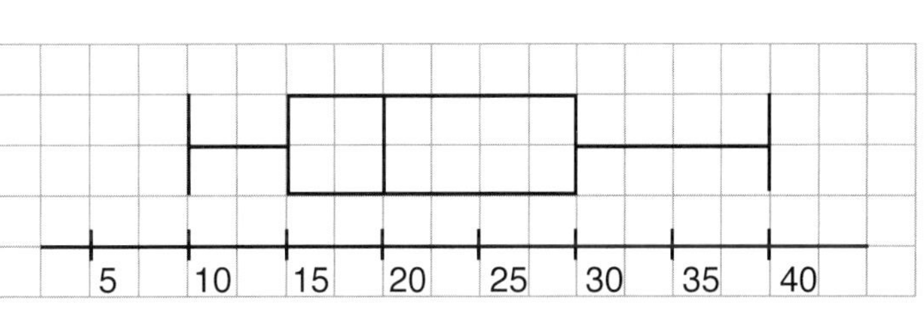

In welchem Bereich ist die Streuung des Taschengeldes am geringsten und in welchem am höchsten?

____

____

Boxplot – Vermischte Übungen (Lösungen)

1 a) Beschrifte den abgebildeten Boxplot mit den fünf Fachbegriffen (Kennwerte).

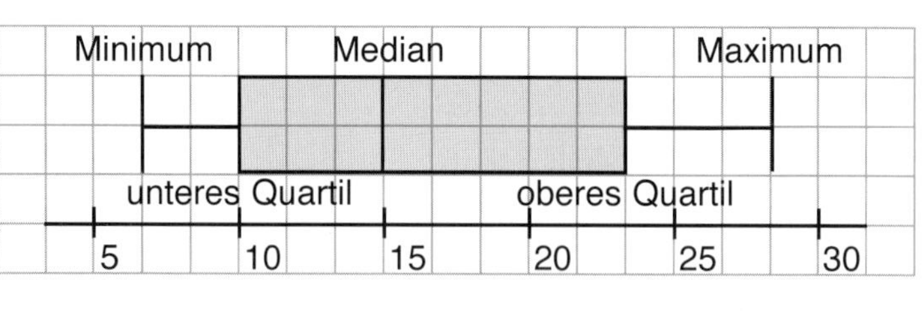

b) Bestimme zum dargestellten Boxplot die fünf Kennwerte

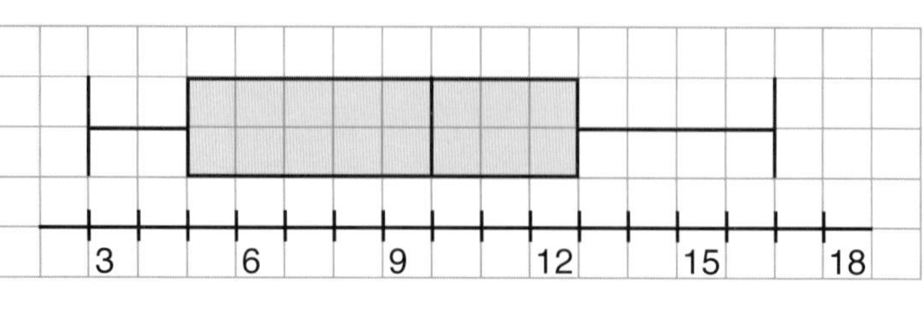

Maximum: *17*

Minimum: *3*

Median: *10* oberes Quartil: *13* unteres Quartil: *5*

c) Boxplot zu den Werten: Minimum: 2, Maximum: 20, Median:11, unteres Quartil: 8, oberes Quartil: 15

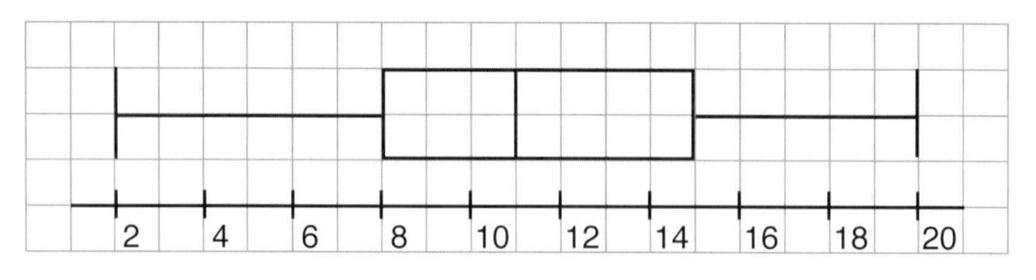

2 Gib zu folgendem Boxplot eine mögliche Liste von 10 Zahlen an.

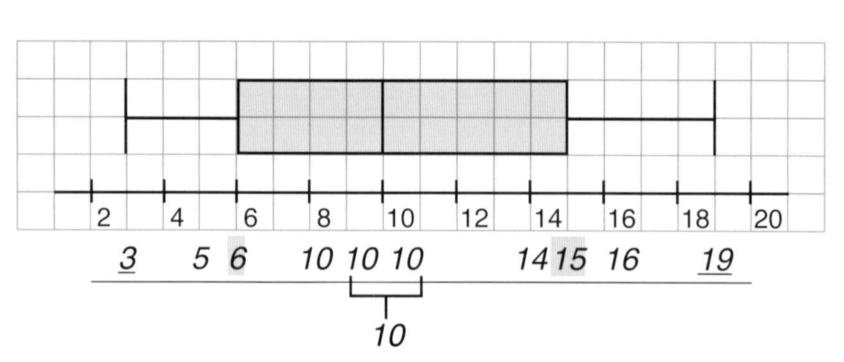

3 a) Davids Datenreihe (geordnet): 8, 11,12,16, 24, 28, 35

b) Daten gesamt: 0, 8, 10, 11,12, 15, 16, 17,18, 19, 21, 24, 28, 35

c) Das arithmetische Mittel ist hier aussagekräftiger. Es gibt den Durchschnittswert der gefahrenen Kilometer an. Der Median gibt nur den Wert an, der in der Mitte der Datenreihe steht.

4 Die 14 Jungen der Fußball-AG wurden zu ihrer Taschengeldhöhe befragt. Die Umfrageergebnisse sind im Boxplot dargestellt.

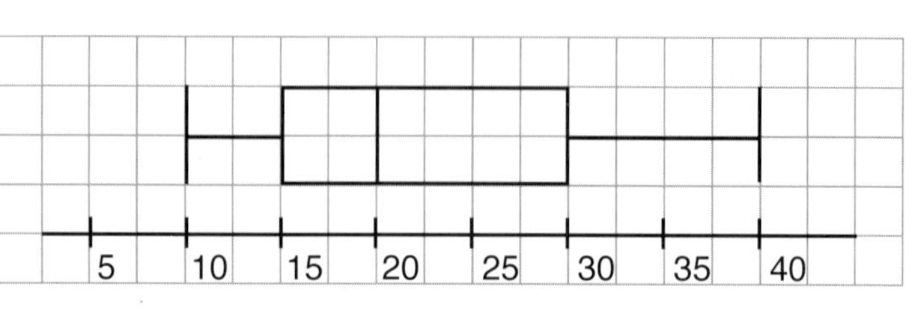

Die Streuung ist am geringsten im Bereich bis zum unteren Quartil sowie im linken Boxbereich, am höchsten in der Box (gesamt).

Bist du fit? – Teste dein Wissen

1 Welche der folgenden Datenreihen passen zu dem Boxplot? Begründe.

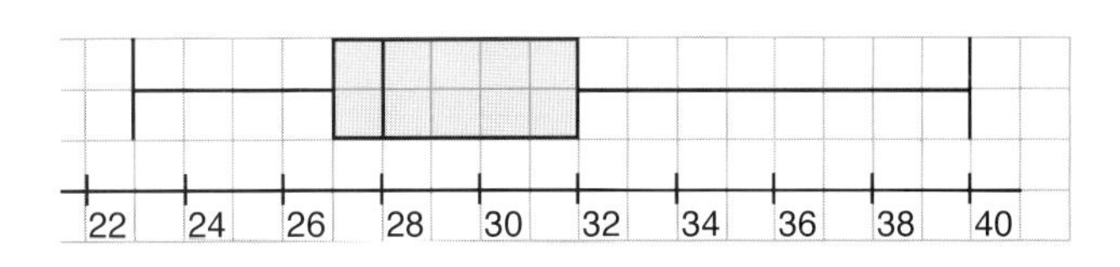

22, 25, 26, 28, 28, 28, 30, 33, 41, 43 ______________________
23, 23, 24, 25, 26, 28, 27, 29, 30, 31, 33, 41, 45 ______________
23, 27, 28, 28, 32, 40 ______________________________

2 Die Liste zeigt die Internetnutzung einer achten Klasse während einer Woche (in Stunden): 17, 10, 2, 6, 9, 23, 8, 0, 8, 4, 24, 15, 12, 14, 6, 8, 2, 1, 12, 6, 3, 7, 10, 2, 4

a) Bestimme die Spannweite. ______
b) Berechne die durchschnittliche Nutzungsdauer. ______
c) Zeichne den dazugehörigen Boxplot.

3 Stimmen folgende Aussagen? Begründe deine Meinung.

a) Der Median liegt immer genau in der Mitte der Box.
b) Das obere und untere Quartil sind im Diagramm immer gleich lang.

4 Die vier Boxplots geben das Ergebnis einer Umfrage nach den durchschnittlichen Handykosten pro Monat, abhängig von der Altersgruppe, wieder.

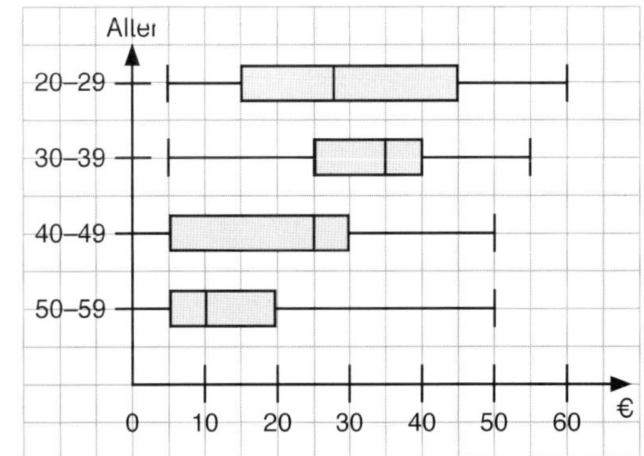

a) Eine Zeitung schreibt zu der Umfrage: „Die 20- bis 29-Jährigen geben am meisten Geld für das Handy aus". Stimmt das? Begründe.
b) Überprüfe anhand der Boxplots, ob folgende Aussagen wahr oder falsch sind.

Aussage	w	f
50% der 50- bis 59-Jährigen geben mehr als 20 € aus.		
25% der 30- bis 39-Jährigen geben weniger als 25 € aus.		
75% der 20- bis 29-Jährigen geben mehr als 45 € aus.		
50% der 40- bis 49-Jährigen geben zwischen 15 € und 40 € aus.		

Bist du fit? – Teste dein Wissen (Lösung)

1 Welche der folgenden Datenreihen passen zu dem Boxplot? Begründe.

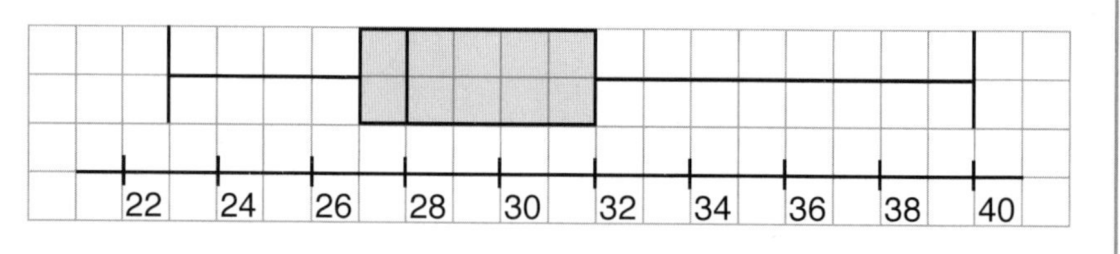

22, 25, 26, 28, 28, 28, 30, 33, 41, 43 *Minimum ist hier nicht 23.*
23, 23, 24, 25, 26, 28, 27, 29, 30, 31, 33, 41, 45 *Maximum ist anders.*
23, 27, 28, 28, 32, 40 *Passend: Alle fünf Kennwerte stimmen überein.*

2 Internetnutzung während einer Woche (in Stunden): 17, 10, 2, 6, 9, 23, 8, 0, 8, 4, 24, 15, 12, 14, 6, 8, 2, 1, 12, 6, 3, 7, 10, 2, 4

a) Spannweite: *24 h*
b) durchschnittliche Nutzungsdauer: *8,52 h*
c) *0, 1, 2, 2, 2, 3, 4, 4, 6, 6, 6, 7, 8, 8, 8, 9, 10, 10, 12, 12, 14, 15, 17, 23, 24*

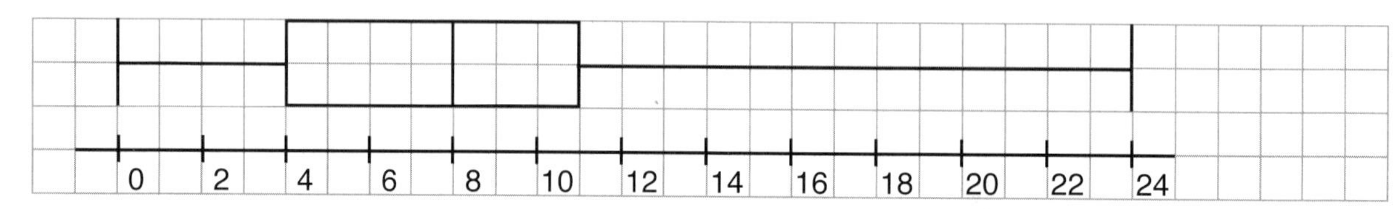

3 *a) Der Median ist Zentralwert der Rangliste. Er liegt nicht immer in der Boxmitte.*
b) Oberes und unteres Quartil sind nicht unbedingt gleich lang, wegen unterschiedlicher Datenstreuung.

4 *a) Die 30- bis 39-Jährigen haben bei 50 % der Befragten einen höheren Durchschnittswert (siehe Box). Daher stimmt die Zeitungsaussage nicht.*

b) Überprüfe anhand der Boxplots, ob folgende Aussagen wahr oder falsch sind.

Aussage	w	f
50% der 50- bis 59-Jährigen geben mehr als 20 € aus.		x
25% der 30- bis 39-Jährigen geben weniger als 25 € aus.	x	
75% der 20- bis 29-Jährigen geben mehr als 45 € aus.		x
50% der 40- bis 49-Jährigen geben zwischen 15 € und 40 € aus.		x